社会人10年目の壁を乗り越える仕事のコツ

沒人能躲過的第十年職涯卡關

高不成、待遇低不就的職場尷尬期，
離職還是留下？

曾任日本 IBM 諮詢顧問、新進人員培育部門部長、
AI 軟體系統業務部長
河野英太郎——著　黃怡菁——譯

大是文化

CONTENTS

第二章 該跳槽還是留下，職涯卡關如何解 81

第三章 目前公司很難升遷、老加班，我還要待下去嗎？

第四章

我不想當主管，但公司還是升了我

161

推薦序一

當職涯迷茫卡關時，就來看看這本書

TYCIA臺灣青年職涯創新協會發起人／何則文

在營運職涯實驗室這幾年，我們遇過許多青年各種面向的職涯問題。有人跟老闆處不好，有人覺得工作沒有挑戰性，也有人在知名公司工作得心應手，跟同事相處融洽，但就是覺得哪裡怪怪的。這幾年我們面對各種千奇百怪問題，我有時候都在想，要是有個職場百科問答集就好了，把大家常見的問題都寫進去。

現在，我這個夢想終於成真了。由日本知名作家，擁有電通、IBM等知名企業培訓主管經歷的河野英太郎，給你職場人必備的心法，一一破解你的十年職場關卡。日本和臺灣的文化相近，許多年輕人也在進入職場的第十年左右，面臨第一道關卡，感覺要上不上、要下不下的，卡在一個尷尬位置。

如果你也有以下困難：工作多年，卻感覺自己沒有被賞識；想要解決公司問題，卻因為老闆的關係而難以突破；晉升到中階主管，反而成為部屬跟高階主管的夾心餅乾；隨著後疫情時代，人工智能與永續思維成為企業管理主流，但認為自己有點跟不上……這些問題，本書都有詳盡的分析與解答。

我覺得書中提到了一個很棒的核心概念：不要讓自己被外在所限制。很多人常常因為大環境趨勢而隨波逐流，大家說什麼產業好就做什麼，想著公司名聲響亮就不想換工作，或者全公司都很晚下班，自己也只好跟著晚下班。作者在書中揭示一個很重要的思維，就是要成為自己人生的主人，為自己帶來改變。

商業的本質其實就是價值交換，創造價值的方式就是解決問題。我認為從這本書中，我們看到一個很好的典範。當我們面對問題，要有一個解方思維，而不只是單純的接受。比如，書中對於加班文化，提出的解答不是要你單純接受，而是想辦法優化自己的工作效率，然後向公司提出建言。如果你能高效完成工作，卻因為企業文化而被迫要裝樣子待得很晚，本書作者就鼓勵大家應該直接離職，因為這樣的公司本身是有問題的。

所以，我們回頭講自己職涯可能遇到的問題，其實就是從三個維度去思考：興趣、能力、價值觀，目前的工作有沒有符合這三者。即便薪水不錯、待遇好、公司名氣大，如果覺得自己沒有成長，就該果斷的思考其他可能，因為正如溫水煮青蛙，如果在一家無法讓你能力增值的公司，最終你就會變成如同被豢養的家畜一樣，任人宰制。

從本書中，我們可以看到很多職場思維，我最喜歡的是最後一章談未來趨勢的部分。我們都知道現在是變動的時代，各種黑天鵝層出不窮，許多公司原本發展很好，卻因為變動的時局而一夕崩潰，而我們想要更好的裝備自己，就要靠對未來的了解，透過已知去推演可能性，做好萬全準備。

這本書真的很值得你在職涯迷茫卡關時翻閱，說不定會成為你打開燦爛前途的鑰匙。

推薦序二

十年不惑、破繭重生

「人資小週末」社群創辦人／盧世安

日本名將德川家康說過：「人的一生有如負重前行，不可急躁。」在我進行職涯諮詢的個案中，最怕遇到的 case 就是「繭型」的職涯困境。

什麼是「繭型」職涯困境？就是指一個人，他非常的努力，但是努力的結果，就像一個不斷吐絲的蠶，把自己包進層層蠶蛹中，最終卻無力破繭重生，還把自己捆綁壓迫到無法呼吸！

繭型職涯困境，是我近年來所觀察到的一種現象，而且越來越普遍。這種現象弔詭的地方在於：不是個案不努力，而是個案越努力，反而讓自己的處境漸漸陷入一種無法名狀的泥沼之中。這種繭型職涯困境，在我翻看這本由曾任日本IBM顧問、暨人資部長的職涯顧問河野英太郎所寫的新書時，不斷躍然在我的面前，也就是本書中揭櫫的「缺乏職涯願景症候群」。

「你對未來有什麼想法？」這大概是許多人經常被問到的一句話（尤其是年輕人），如果我們將未來比喻成願景，而這麼一句輕描淡寫的敘說，就帶給人很大的壓力。許多企業儘管經營許久，往往提不出企業願景，而我們卻希望每一個人都能提出自己的未來方向，就可以知道這件事在實務上，難度有多高了！但只要能理解、定義好問題，接下來要做的，就是如何有效的拆解問題。

作者提出來解決「缺乏願景症候群」的第一個方法，就是模擬撰寫自己的墓誌銘。這個方法的細節我就不多說，但這確實也是我常拿來實踐的一個職涯輔導方法。使用得當，往往能直搗內心關卡，起到職涯定錨的作用。

這本書的各章標題，其實我想要把它改成下面這樣的文字，各位就更能理解本書所要表達的整體架構與內涵：

第一章：職涯停滯與自我省思。

第二章：職涯願景與發展定位。
第三章：職涯困境與情境探索。
第四章：職涯晉升與職能提升。
第五章：職涯曲線與科技挑戰。

各位在閱讀本書時，也許可以將我上述重新梳理的架構，畫在一張紙上，作為閱讀本書的一個輔助工具。

在人資專業範疇的人才發展主題中，有兩個很重要的操作方式，稱作「工作豐富化」與「工作重構化」，前者是在原有的工作基礎上面，提供更多樣化的工作內容，後者則是將原先的工作內容打破，進行工作的重新組合。我一直覺得，若是一個人在職涯發展的過程中，可以善用這兩種模式，就可以打破許多工作中的停滯以及困境。

最後，我想說的是，書名所指的十年，也許只是一個概括數字，有的人會提早、有的人會延後。但從目前的趨勢來說，其實是不斷的在提前。就我所輔導顧問的個案中，有些在工作四、五年後，就開始浮現這些困境，且人數越來越多。而職涯輔導最麻煩的一件事就是，都是非常 personal（個人的）、獨特的，需要一位職涯顧問非常細心、深度的去掌握、了解，提出有效的建議。

雖然我很想幫助輔導更多的人，但一個人的能量與時間是有限的。所以我才特別推薦這本書給大家，讓大家可以從這本書中按圖索驥，探索自己的困境，尋找自己的出路，讓我們有機會共同「十年不惑、破繭重生」。

前言

既不是新鮮人，也稱不上資深的煩惱

你是否正面臨這樣的情景：畢業後，脫離學生身分，成為社會人士，不知不覺也即將邁入第十年了。自己越來越習慣職場生活，也累積了不少經歷。

說起來，出社會十年聽起來很厲害呢！想起當初剛進公司的時候，看到資歷十年的前輩，只能投以尊敬的目光。但是，當自己終於也走到這個階段時，才發現一切與想像的不同。

最近，跟自己同一批進公司的同事們，一個個獲得升遷的機會，抑或是轉職、跳槽，大家都活躍在各自的領域上。在社群網站上，也能看到學生時代的社團好友，貼出赴海外留學的貼文，或是老同學分享天倫之樂、孩子的照片等，不由得想，若是自己也擁有家庭的話，又會是什麼樣的光景？

話說回來，下週上班時，又要和主管進行職涯面談了，大概又要被問「你對未來有什麼想法？」這類的問題吧。要是有想法，我就不用這麼辛苦了啊。雖然感覺自己好像也該以晉升管理職為目標，但是要以經理還是組長為目標？內心越想就越浮躁。

這種煩惱，或許可說是職涯青春期吧。

當初還只是菜鳥時，儘管每天都很懵懵懂懂，但靠著年輕氣盛，終究還是關關難過關關過，但成為出社會十年的老鳥時，明明已經見過世面，累積了經驗、知識、技能等，原本應該要展現成熟大人的從容，事實上卻是感受到越來越強烈的焦慮與不安。這種感覺，是否跟十幾歲青少年的青春期很相似？

在這層意義上，出社會第十年前後的這個階段，擁有許多煩惱，也是職涯中最重要的時期；因此，將這個階段稱之為職涯青春期，我認為一點也不為過。有些人可能很順利的將此轉化為力量，讓職涯藍圖朝著理想發展；也有些人儘管付出努力，職涯藍圖依舊無法按照心中所想來進行。

經歷青春期的人，大都會反抗，或是責怪他人，但有些人反而是將矛頭對著自己，陷入自我質疑與自責。就我個人的狀況而言，我是屬於後者。

人們在青春期時，內心裡都矗立了一道牆，必須克服種種困難與考驗，最後破牆而出時，才會擁有美好的回憶，同時也伴隨著成長所帶來的苦澀。

我一路走來所獲得的經驗中，有不少值得分享的觀點，例如「換個思考方式，就會輕鬆很多喔」、「只要多花一點工夫，就能突破難關」，這類像是訣竅般的經驗談。

我在執筆本書的時候，就是希望可以幫助到正面臨職涯青春期的人，願我分享的經驗與祕訣，能幫助大家將這份煩惱轉化為力量，一起度過這段時期。

我的訣竅大都著重在轉換思維與切換視角，當你也培養起這樣的習慣，並落實在日常生活之中，時間久了，你一定也會感受到自己有了很大的轉變。

工作方式也好、企業文化也罷，第十年都是一個考驗。

我曾經待過大型企業、新創公司、日商或外商等各種不同的環境，每一次我都非常投入其中。

我出社會的第一份工作，是在知名的廣告代理商電通。我是在標準日本企業的職場文化、日本傳統式義理人情等環境中磨練成長。之後我轉往外商，於跨國管理諮詢公司埃森哲（Accenture）任職，在這裡，我深刻體會到以理性為主、凡事講理不講情，與日本截然不同的企業組織文化。

在埃森哲之後，我在國際商業機器股份有限公司（International Business Machines Corporation，簡稱ＩＢＭ）待了滿長一段時間，旗下員工多達四十萬人，是美國最具代表性的知名老牌企業之一。後來，我開始經營自己的新創公司 Aidemy 股份有限公司。

在這段期間，我陸續擔任建設公司、公家機關、保險公司、通信資訊公司、零售商、製造商等，各種不同領域或企業的客戶端派駐專員。除了自己的本業之外，我還在日本東京全球商學院一年ＭＢＡ——格洛比斯大學（GLOBIS University）擔任教職長達六年，參與許多學員的職涯規畫，同時也透過出版、演講、顧問諮詢業務等各個層面，全力推動各種溝通改革、組織文化改革等相關活動。

我就這樣接觸了形形色色的企業組織文化，看過數千人的職涯履歷表。根據領域及環境的不同，每個人的職場第十年，都會有各自迥異的卡關難處；但唯一一個共同點就是高牆（瓶頸）。

誠如我前面所言，我希望能分享自己的經驗，給予正面臨職場第十年難關的人建言與幫助；我將自己至今所見、所聞、所學的精華融會貫通，透過本書與各位分享。

願這些竅門能為你帶來助益，除了讓你的職涯一片光明，也希望幫助你在心靈與思考方面，有更多的成長與改變。若各位能因本書而受益，身為作者的我亦將感到光榮與欣喜。

第一章

第十年，好像和想像中的不一樣……

1 十年了，卻沒有自豪的工作表現

過去我在看某部日劇的時候，有一幕讓我印象深刻。

那是男主角年輕時，與日後會成為他的妻子的女性對話場景。他說：「我現在只是一個無名小卒，一事無成。」這位男主角扮演的是政治家白洲次郎，他曾於日本戰後混亂期輔佐政治家吉田茂，帶領日本邁向復興之路。

像他如此功績顯赫的知名人士，在年少時期，竟然也會說自己只是無名小卒。當時我看著劇裡的這一幕，不只在心裡留下深刻印象，也不禁鬆了一口氣。我想，就連那位鼎鼎有名的白洲次郎，也曾這麼焦慮過呀。

當年我三十五歲，正無比煩惱自己的職涯，「自我介紹的時候，除了任職的公司名稱之外，毫無其他亮點」、「我有做過什麼值得自誇、自豪的表現嗎」、「我都已經出社會十年以上了，卻還是一事無成」，當時每一天都很焦慮，絕望感日漸加深。

隨著時光流逝，我回想起曾經接觸過的上千名人士，以及他們的故事，再回顧自己將近四分之一長的職涯，我突然發現了一件事：只有極少數的人，可以在短短十年內創下引以為傲的成就。真要說的話，花上二十年才有所成就的人，也已經非常了不起。這也意味著，一輩子只要做好一件事，就足以自豪了。比如，開創並耕耘日本顧問諮詢產業的人、在知名老牌大企業裡登上管理階層之首的人、為出版業界掀起新旋風的人，或政治家、創業家、奧運金牌選手、職業運動員等。

每當我有機會與這些傑出人士對話時，我都會請教他們人生至今的職涯歷程，確實只有極少數的人，才能只花短短十年就做出亮眼成績，當中有不少人前十年毫無表現，甚至還成為別人的笑柄。而我向他們請教成功的祕訣時，他們都給了我相同的答案：「踏實的做好眼前的工作。」

當然，這裡的工作亦可以替換成體育界的訓練，甚至是基層服務等詞彙。

儘管領域不同，但意思是一樣的。

總是感嘆自己依然一事無成的人，很容易落入一種陷阱：明明眼前有必須做的事，卻很容易被看起來有模有樣的事情分散了注意力。

什麼是看起來有模有樣的事情？例如，輕率的跳槽到名氣響亮的大公司、只會說冠冕堂皇的好聽話、將自己的不順利怪罪他人、將自己做不好的工作推卸責任給別人等。

唯有不落入這種陷阱、不受假象誘惑的人，最後才能成就大事。

另外，這些成功的傑出人士們也說了，想要有所成就，必須先將眼前的工作踏實的做好，同時別忘記自己懷抱的崇高理想。

2 當時我的口頭禪是：上班真是無聊死了

大案子、大事業，不是天天都會有，但若是在職涯中，能有一次全心投入大案子的經驗，想必會帶來豐富的成就感與滿足感。

然而，在夢想中的大案子出現之前，你至今從事的都不是自己的夢想職業，也從來沒有全心全意投入一件事，對現在的工作更是毫無熱情，處在這種狀況下，你是否會覺得自己好像根本還沒站上起跑點，進而產生自卑的心態？

若是你非常熱衷且投入目前的工作，那麼恭喜你，你已經在前往成就大事業的道路上了。我認為這是很難能可貴又幸福的事情，可以的話，我也很希望自己能如此。

但是，如果你對目前的工作完全沒有熱情，也提不起勁投入其中，千萬不要因此自卑。**持續去尋找能讓自己燃燒熱情、全心投入的事物，這個過程也是成就大事業的必經之路**。

千萬要注意，絕對不能落入「反正我就是沒本事做大案子」、「就算我想去闖，但就是心有餘力不足」等負面情緒，這反而會讓自己喪失鬥志。

我一直到三十歲出頭時，唯一投入熱情的事物，只有游泳而已。除此之外，硬要說的話，就是十七、十八歲時，為了自己的第一志願而認真讀書、準備考試。說穿了，也就只是這點程度而已。

當我踏入社會、開始工作之後，不管做什麼都無法點燃熱情，經常覺得自己和周遭格格不入，這種狀態持續了好一段時間。那時我總是動不動就嘆氣，還養成了「無聊死了」這個口頭禪。

活力門（Livedoor）前總經理堀江貴文在他的著作中提到，全心投入在工作上是很重要的一件事。我非常贊同這一點，但儘管可以理解，當時的我卻怎麼也無法讓自己像學生時代一樣燃燒熱情，也無法全心投入。

想想自己的人生，三十年來竟然只有兩次全心全意投入某一件事情，也就是平均每隔十五年，才會燃燒一次熱情啊……況且，別說全心投入，我就連三分鐘熱度都快做不到了，腦中甚至還會浮現出「搞不好我已經不適合當一個社會人了」這種想法。

我想，應該有滿多人也抱持著同樣的煩惱吧。不用擔心，因為在不知不覺中的某些契機，就會打開你的熱情開關。

我在過了三十二歲後，心態及生活逐漸有了轉變，最後讓我幾乎每年都能找到讓自己投入的事物，這一切都要歸功於大女兒的出生。看著寶貝女兒，我不禁自問自答：「這孩子一天一天成長，莫非要讓她看著身為父親的我，天天碎念無聊死了的模樣嗎？」後來，某一天我突然發現自己的工作，可以與目前的社會，及未來的社會產生關聯，就這樣，工作在我的心中，開始有了不一樣的意義。

當燃燒熱情成為一種習慣，工作也會變得有趣，就連各式各樣的機會都開始主動找上門來。當我日後回過神來時，發現曾經讓我非常困擾的煩惱都已經消失，我甚至不懂當初到底在煩惱什麼。現在的我，不僅可以分辨哪些才是能讓我燃起熱情投入的工作，也懂得如何趨吉避凶，也可以說，我終於走上了邁向成就大事的道路。

當你的生活產生了變化、人生角色有了改變，或是認識了形形色色的人……**許多看似與職涯無關的人事物，其實都有可能成為你的契機**。

持續尋找讓自己燃燒熱情、全心投入的事物，就是帶領你成就未來大事業的必備條件。

3 離職還是留下？我逼自己選一條

你是否為這些事煩惱？

出社會已經十年了。在職場上也算是有拚盡全力，工作內容都已經很熟練了，也有得到客戶的稱讚與關照，對於目前的工作及公司也沒有什麼特別的不滿。

但是，主管就像是高層們的傳聲筒，只會將高層的話原封不動複述，「〇〇先生說……」、「就這樣，再來就交給你啦」，每次都只會出一張嘴，要這種主管有什麼意義？後輩們也完全不積極，三不五時就哀號「該怎麼辦」、「這個這樣做可以嗎」。我說啊，你們也是有領公司的薪水耶，這樣子不行吧？

每天都覺得自己忙得要死，總是在幫別人擦屁股，自己寶貴的時間都浪費在這些人、事上了，這樣下去真的好嗎？

我想應該有不少人，每天都被這種無力感折磨吧？我也有過非常忙碌的時期。在那段期間裡，也出現上述那些無力感。

那些不做不行的事情一項又一項接踵而來，但不管我怎麼做，都無法有成就感。漸漸的，我完全沒有時間思考自己的未來與職涯發展，每天埋首在工作中，心裡只剩下焦慮。

這種時候，人通常會採取兩種行為：一個是離職；另一個是留在現職，並想辦法改善現狀。我選擇了後者，因此我想分享自己的經驗。

當時的我身心疲累而且焦慮，於是我決定給自己訂一個期限，在期限之內，把吃苦當吃補、充實自己的職能及履歷。再來，我把當時心中的煩惱一項一項列舉出來，像是在設定起跑線一樣，希望現在這些無意義的窮忙，在未來能化為有用的經驗。不可思議的是，當我開始改變心態後，突然覺得我眼前的世界，一口氣變得清晰開闊。

首先，我心中那股「覺得自己是受害者」的負面情緒居然自動消失了。原本我一直以為，自己絕對不是那種不思考的人，但靜下心來想想，「搞不好我也曾有過不想思考的時候……。」做人還是別太鐵齒比較好。至於前述提到的消極被動的主管，說不定哪天我也成為主管的時候，在旁人眼裡，看起來也會像老闆的傳聲筒吧。

更仔細的想一想，在未來漫長的職涯中，就算到別家公司，遇到不思進取的後輩，及消極被動的主管的機率，原本就很高。所以，像我這種狀況根本就不是什麼可憐的受害者，而是應該改變心態，認為現在遇到的這些問題，都是為了讓自己在未來能成為更好的人，也可以想成是在累積經驗。

當我改變心態之後，反而更加全神貫注在工作上，完全不去思考多餘的事情，滿腦子想的都是「這一切都是為了我自己」。當我如此投入工作之後，我才注意到，原本我以為不思進取的後輩們，突然都有了成長；當初以為是消極被動的主管，其實默默的很有自己的一套想法。儘管並不是各方面都有如神助般順利，但總體來說，這一切的經歷，確實都對我的職涯，帶來了很好的經驗與學習。

說起來，這都歸功於當時的我先改變了自己的心態。之後在其他職場，我這個改變心態、全神貫注的習慣，也給我帶來許多助益。

4 想想看，你是怎麼度過青春期的？

在茫茫職涯中，誰都曾有過一段難熬的時期。在心裡不停自我質疑「像我這種人……」、「未來到底該怎麼辦？」、「總覺得好空虛，心裡很不踏實」等。儘管內心焦慮，但外表強作淡定，故也無法與任何人商量。

我在前言提到了「職涯青春期」這個詞，也就是說，這種職涯上的煩惱，其實跟青春期非常接近。相信大多數人在青春期時，都曾有過內心莫名焦慮、浮躁不安的感覺，大家應該也嘗試過各種方法，最終找出屬於自己的解決之道，度過青春期吧。長大後回想起來，是否會想「要是當時有那樣做就好了」？其實當時的青春期經驗，也能應用在職涯青春期。

各位當年是如何度過青春期？回想起當年自己度過青春期的方式，感覺怎麼樣？如果能回到過去，你又會給青春期的自己，提出什麼樣的建議？

我回顧自己的青春期，當時的我除了上學、寫功課、參加社團以外，其他事情我都提不起勁，可以說是毫無作為。我就這樣讓時間自然流逝，然後不知不覺之中，這份浮躁、焦慮的心情就消失了。

現在的我會想，若是當時有可以讓我投注心力的事物就好了。比如試著去培養興趣、多讀一些書、多與他人交流、增廣見聞之類，總之就是覺得當時有多做一些活動就好了。

面對再度造訪的職涯青春期，我決定不再重蹈覆轍。

不要只維持最低限度的日常作息，而是好好規畫時間，讓自己的生活總有一些活動，像是培養閱讀習慣、與他人談話、參加座談會，或是透過電影讓自己增廣見聞，這也是一種自我投資，充實自己的專業技能與知識。甚至有些時候，我會果斷的選擇職務異動或轉職，總之就是不想讓自己停在原地。

當然，這並不是絕對萬無一失的萬靈丹。我也曾幾次覺得，自己好像白白浪費了金錢與時間，但是，正因為有這些寶貴的經驗累積，才造就了現在的我。我將過去所習得的經驗，全部應用在日前的工作上，每一天，甚至可說每一分每一秒，我都覺得從前的經驗沒有白費，全部都能派上用場。

我並不是基於策略考量，或是抱持著特殊目的來採取行動，而是順應自己的心，當下腦中想要做什麼，就直接去做，一切憑直覺也不要緊。我也時常擔心自己是否迷失了方向，但好幾次當我驀然回首，發現一路走來其實就像是在蒐集拼圖碎片，最終拼出理想的藍圖。

這和蘋果創辦人史蒂夫．賈伯斯（Steve Jobs）所說的「連結不同點」（Connecting the dots）是相同的意思。許多事情乍看之下，像毫無相關的點，當下的我們也無法預測這些點會有什麼發展，直到過了一段時間，再回頭看時，它們就像連連看一般，所有點都串聯起來，最後得出意想不到的成果。

現在的我，具備了商務行銷的執行力，也會參加或主持線上講座，也有更多機會，可以接觸全世界的網路媒體，以及學術界的影像資料。我的選項還在持續增加中。

千萬不要放任心中的不安滋長，自己卻什麼也不做。停在原地埋頭苦惱，只會讓不安越膨脹，反而找不到出路。
試著先踏出第一步，增加自己的活動吧。

5 沒有自信？那是藉口不是理由

「其實我也知道自己再不做些什麼不行。我也對目前的自己並不滿意，但就是沒有自信踏出那一步啊。」無法踏出第一步，真的是因為沒有自信嗎？

自信這種東西，有的確比沒有好，但我們先想一想，所謂的有自信，到底是指什麼樣的狀態？或者說，有自信的人都有什麼樣的特徵？

假設你在採取行動之前，盡可能做足一切準備，或是你過去擁有類似的經驗，所以覺得自己應該沒問題，此時的你，應該算得上是有自信吧？換句話說，有自信，是指你基於過去所得到的經驗，或是一定程度的已知，而認為自己做得到的心態。如果今天面對的是完全未知的挑戰，我想任誰都無法說出「我有自信」這句話。

那些曾找我諮詢、認為自己沒有自信的人，通常也有一項特徵——他們幾乎都會說自己以前是很有自信的人。我反問：「你覺得哪個時期的自己最有自信？」我經常聽到的回答都是說學生時代，或者剛成為社會新鮮人的時候。換句話說，這就是處在熟悉環境，與一切都必須靠自己的陌生環境的差異。

即便處在熟悉環境，藉著逐項累積成功經驗，來提升自我肯定以及成就感，這對於練習迎接新挑戰來說，也是非常重要的一部分。但是，若將過去累積的成功經驗，當成成功方程式，套用在一切都必須靠自己的陌生環境時，反而會處處碰壁；原本富有才華的優秀人才也會因此深受打擊，甚至可能一蹶不振。嚴重的話，甚至從此認為「我沒有自信，無法接受挑戰」、「沒有自信的話最好不要輕易嘗試做任何事」。

負面思維造成的連鎖效應，使得這些人一直逃避挑戰，也遠離了機會。於是，他們看不見自己的才能開花結果，只能想到未來的自己，也只會是個卑躬屈膝的小卒。

請思考一下。亞歷山大大帝東征時、哥倫布橫渡大西洋時，他們懷抱著的是希望與勇氣，而不是自信。因為他們要進行的挑戰不光只是為了自己，更是人類史上，誰都還沒做過的事。

但，那些陌生的挑戰並不是做不到，對吧？畢竟沒有人會去做根本做不到的事情。那麼，何不轉換一下想法，你不需要堅持自己一定要有自信，你只要別再認為自己做不到就好了。

這樣想，是不是感覺輕鬆一點？

不過，光是不再否定自己辦不到，還不足以達成目標，我們還得想辦法讓自己有資格站在起跑點上。

首先，我們必須讓自己想去做；接著再轉化為實際行動，就算是微小行動也沒關係，持續透過每一個行為來累積成功經驗。長時間累積下來，最後一定能帶領你走上成功之路。

記住，先別去想自己能不能，而是先讓自己想去做。

6 很多的苦，是你一廂情願的想像

回想起自己剛成為社會新鮮人的時候，看到年資十年的資深前輩們，總感覺他們成熟又可靠，就像是公司內的強力支柱。

相較之下，當自己也邁入職場第十年，至今卻還是毫無建樹，每天依然被工作追著跑，一點也不從容；甚至還是會被主管碎唸。更糟的是，覺得自己根本不是一個可靠的前輩。想起憧憬又敬佩的前輩們，忍不住感嘆自己怎麼會如此不成熟……。

我也有過這種心情，尤其在我滿三十歲那年，這種無力感更是折磨我到了極點。當時和我一起共事的同伴後來告訴我：「那個時候的河野先生，看起來真的非常非常煩惱。」據說是因為當時我嘴上成天掛著「快三十歲了，感覺好討厭啊」這句話，而那位同伴的年紀已經要奔四字頭了，「我聽了你那句口頭禪，感覺好複雜。」他這麼說。

確實，當時的我，就是把自己跟比我資深十年的前輩做比較。我那時候回想起自己還是菜鳥時，資深前輩向我展現出可靠的風範，令人安心；而十年過去了，我卻感覺自己沒什麼長進。

那位前輩已經貴為部門總監，底下有數十名部屬，他的工作，就是與經營者及公司高層洽談各種往來。我一直認為自己應該要像前輩一樣有所成就，甚至認為自己非得做出點成績不可。但看看現實的自己，至少就個人感覺，我根本比不上前輩，我們之間差距太大，這讓我受到非常大的打擊。

但是，在我有了更多的工作經驗之後，我用現在的眼光與立場，來回顧當時被我視為職涯目標的那位前輩，以及從那時起接觸到的形形色色的人們，我發現我的思維及心境，都有了極大的變化。

曾被我視為職涯目標的那位前輩，其實他每天都非常拚命工作，而且他並不像外人眼中那般充滿自信，私底下的他，幾乎每天都有許多煩惱，也很擔心自己是否迷失方向，這些事情都是我到後來才知道。

當然，我在剛進公司，還只是菜鳥時，前輩在工作方面及職場應對都比我更得心應手；但身為主管，他要面臨更高難度的挑戰，所要背負的責任也越重。因此他總是很努力提升自己，用盡全力去填補不足之處。

就這層意義而言，前輩與我並沒有不同，甚至，職位在前輩之上的高階主管們，其實每一位都走過同樣的心境歷程，大家也都曾經擅自想像過高階主管的風範，然而等到自己終於晉升到嚮往的職位之後，卻要拚盡全力縮小現實與想像的差距。

只要靜下心思考就能明白，這一切都是出自於我一廂情願的想像，我擅自認定那個人肯定就是這樣，私自假想了一個偶像，又自以為是悲劇主角般與假想中的偶像比較，最後落得自怨自艾的下場。

一直與現實中不存在的東西對抗，導致自己情緒低落，很沒有意義。

後來，當我有機會能與敬佩的那位前輩談話時，前輩提點我一件事，正好是我自己已經想通的事：不論你有多辛苦、多掙扎，也不要表現出來讓外人看穿，重要的是努力去縮小現實與理想的差距。

與其浪費時間抱怨，不如腳踏實地。若能身體力行這一點，說不定未來你也能成為某人眼裡，一位令人敬佩的前輩。

7 有一件事，比提高薪水更重要

分享一個我非常尊敬的企業經營達人的故事。

那位達人累積了許多經營知名大企業的經驗，再加上自己創業、上市等實戰成績，可說是名副其實的企業經營達人。我雖然沒有直接與他共事過，但我曾經是他旗下公司的一分子，當他在說明企業理念、策略方針時，我都懷抱敬意、認真聆聽。

當那位達人要離開公司的時候，他為全體同仁舉辦了一場離職前的最後演說。當時演說的內容，我至今仍深深記在腦海中。他說：「各位，在你們接下來的職涯規畫中，一定要記得，千萬不能搞混『你所追求的東西』，與『陪伴你一輩子的東西』。絕對不可以盲目追求金錢或地位，你真正應該要追求的是

『成功服務客戶』，以及『開發自己的職能』，若你們能保持正確的心態，那麼金錢與地位，終究會牢牢跟著你到天涯海角。」這場演說帶給我很大的衝擊，從此我便一直將這段話放在心裡，並且時常反覆思考其中涵義。

在職涯中，薪水是衡量自己工作表現的一項指標。

我年輕時，每個月都會檢視自己的薪資明細，為了出人頭地，當時的我可說是拚盡全力，不放過任何可能晉升的機會。但與此同時，我觀察周遭，有些人為了加薪或升職，過度拚命，導致身心出了大問題；也有些人為了提高年收，盲目跳槽或轉職，結果反而得不償失。

在那些人當中，有人為了提高收入，背地裡操縱自己的評價以及工作目標，甚至不惜故意去扯自認為是競爭對手的後腿，還有人會刻意提出各種不懷好意的申訴與流言，藉此中傷對手，一切都只是為了讓自己升職加薪。

一般來說，如果只是想提高收入，這些手段過於偏激，不只成效不彰，反而還會帶來反效果。可是，金錢就是擁有一股神祕的魔力，它會讓一般人喪失正常的思考能力，甚至還會扭曲人的常識。

我直到經歷過許多不同的企業組織、職場環境，親自考核過員工的績效及能力，並審議是否給予升遷或加薪，擁有了站在資方立場的種種經驗之後，才終於發現一些過去我所看不到的事情。

若要直接說結論，其實正如那位企業經營達人所言，「別只追著錢跑，而是要讓錢跟著你走」，這種思考模式，才是能提高自己總收入的有效方式。

當員工能好好服務客戶、為客戶做出貢獻，相對的，客戶所給予的報酬，就會變成公司的收入，身為公司的經營者，自然也會給予該員工相應的獎勵。當你在滿足客戶需求的過程中，藉此讓自己的職能獲得更多成長養分，這將不只讓你的專業技能更高人一等，金錢與地位也會隨之而來。

有趣的是，當有一定程度的職涯經驗之後，只要看一眼，就能分辨誰是盲目追求金錢與地位的人，誰又是以成就客戶及自我提升為目標的人。那些能一眼分辨的企業經營者，他們願意為了後者提供機會，也更願意花時間在那樣的人身上。

在漫漫職涯路上，怎麼走才能得到金錢與地位？想必你已經有方向了吧。

8
為了再往上爬，有時得先休息一下

當你已經出社會將近十年，應該已經很適應職場環境，對工作內容也很得心應手，不會有太大壓力了吧。但在日復一日、毫無變化的生活中，你很難察覺潛藏在其中的風險。

這種狀態若持續了三年、四年，甚至更久，恐怕你的職涯危機，已經在你毫無自覺的時候默默加劇，等到你猛然驚覺時，才發現自己除了現職以外，其他工作什麼都不會，就算想要亡羊補牢，卻發現得付出龐大的心力與勞力，才有可能改善現狀。

或許你會抱怨，是因為公司沒有調動職務、主管沒有給你機會學新技能等，但不管怎麼說，現實是殘酷的。

職涯在人的一生中占比相當重，因此本該由自己負起責任，當你察覺到自己陷入停滯或遲緩等狀態，其實不用太過驚慌，這代表是一個好的警訊。一旦你發現自己發展遲緩、毫無成長，不妨先稍微改變自己所處的環境吧。試著改變自己負責的工作領域、嘗試與不同對象一起工作，也可以改變自己的工作內容，利用週末找份兼差或經營自己的副業，也是很好的方式。重點在於，以累積至今的經驗為立足點，從中開始試著挑戰一些新事物。畢竟貿然去做完全不熟悉、陌生領域的事情，風險實在太高了，那樣只是愚勇而已。

我想，應該還是有不少人，即便已經做了許多小改變、小挑戰，卻仍不時覺得自己又陷入成長遲緩的狀態。我認為這樣的人，其實擁有上進心及積極的學習意願。

根據我本身的經驗，以及觀察身邊周遭的人們，我歸納出一個關於成長曲線的結論。職涯成長的軌跡圖，它並不是直直往前衝的直線，而是呈現階梯狀、有高有低的曲線。

當你感覺自己正急速成長的時候，接著迎來的會是一段相對平緩的「樓梯平臺狀態」；而在樓梯平臺待了一陣子之後，又會感覺自己再度急速成長。

為什麼我會說是樓梯平臺狀態？因為當我們面臨一個新的難題或是挑戰時，我們的身心需要花一點時間來適應。因此，這段樓梯平臺狀態，就好像是為了爬上下一段階梯，而在樓梯間休息一下。當然，這並不表示處在樓梯平臺狀態時，我們就什麼也不做、乾等下一波急速成長的到來。

前面提到，我們必須持續挑戰新事物，只是小事也沒關係，我們必須腳踏實地、不斷努力。若能身體力行這點，剩下的就只有等待振翅高飛的時機了。記住，即便處在樓梯平臺也不必焦急，更無須絕望，大家都是這樣過來的。重點在於別因此而迷惘，要保持正確的努力。

有些人或許會擔心自己是否有朝正確的方向努力，我建議，這種時候不妨想想自己的職涯目標。就算腦中浮現的並不是清晰的藍圖也沒關係，只要能讓你感覺「這麼做應該沒錯」、「除了這條路之外，還有別條路可以試」等，只要有想法就行。

將職涯目標視為道路指標，只要你覺得有在朝著指標方向前進（就算離真正的目標還有點距離也沒關係），就代表現在努力的方向沒有錯，可以繼續保持下去。

過了一段時間之後再回首這一路走來，你會發現自己已有驚人的成長。

9 離開舒適圈，但不要走太遠

工作這檔事，第二次做會比第一次來得好；第三次又會比第二次來得熟練；第四次、第十次、第一百次……持續重複同樣的事情，自然會越做越習慣，變得不需要特地思考也能完成作業，精神上也不會有太大的負擔。

乍看之下似乎是一件好事，但換個角度來說，也代表失去了刺激，並且原本應該因刺激而產生的振奮感，及自我成長的充實感也逐漸減少了。

當你邁入職場、成為社會人士，並在社會上打滾了十年左右，這種越來越習慣的熟悉感，在你生活中的占比差不多會達到一個高峰。與此同時，周遭人對你的評價可能會提升，你也越來越受到他人的信賴，工作方面也都能按照自己的意思順利進行，看似充實的生活，讓你感到滿足。

我將這種狀態，稱作舒適圈。

待在舒適圈，以短期的角度來看其實是非常好的事情；但若拉長至中長期，就會發現，這個環境**會讓你失去成長的動力**，甚至讓你跟不上時代變遷，最終遭致淘汰。

每個人建立起舒適圈所需要的時間長短不一，但大致來說，在一個環境待上三年，差不多就會建立起個人的舒適圈了。

日本茶道宗師千利休提出的「守、破、離」，正代表了成長的三個階段：最初迷惘的同時，亦照著前人教導的方式去做，之後開始嘗試改良，最後發展出一套專屬於自己的方式，讓自己可以獨立完成作業。若是套用於年度預算編列的概念，一個政策從開始實施到評估損益，需要設定多久的時間？我會告訴你，一般也是三年。

即便你已經發展出一套專屬於自己的做法，但長期不停重複操作這一套作業方式，會導致你的學習與工夫停滯，成長幅度反而越來越緩慢，最後退化。

如果你已經察覺到自己正面臨這樣的危機，我強力建議你，此時就是你跨出舒適圈的好時機。

如何跨出第一步？選項其實非常多。

以本書的讀者來說，我想應該是以管理職為目標。過去的你只需要自己一個人努力就好，但成為管理職的話，就得想辦法讓別人動起來。當你開始思考如何驅使他人，就是你成長的大好機會。可能的話，**改變自己目前所負責的業務範圍，或是改變自己在目前工作中所扮演的角色**，都是非常理想的方式。

從自己已知且熟悉的領域立足，再從中去挑戰首次接觸的新職務，如此能幫助你更了解公司事業整體的全貌，你的思考也會變得更多元、全面。

若你在職場上已經得心應手，而工作方式或內容都沒有改變的空間，那麼，增加你的人生挑戰，也是一個好主意。例如結婚、生子、搬家等，這種甜蜜的負擔，會讓你的人生變得豐富多彩。

我不太建議職場與人生同時進行大幅度的調整，畢竟當工作和生活都是挑戰時，這種雙重壓力很可能會影響你的身心。

其他像是轉戰海外但仍從事同領域的工作、跳槽到同產業的公司、在同產業挑戰自行創業等，這些都是可行的選項；或增加與外部人士的交流，報名在職專班、職業專校等課程進行研修培訓，替自己的未來增加更多機會。

最近也很流行利用私人時間來經營副業，藉此累積創業，或開發新職涯的資本與經驗。

當你開始對目前的工作都很得心應手，甚至到有點膩了的時候，比如你已經在同一間公司，做同一份工作滿三年了，我誠心建議你，第四年就是你該跨出第一步的時機了。

10 聽到誰誰誰年收多少？不要理會

社群網站已成為現代人獲取資訊的主要來源，幾乎全世界的消息都可以透過網路輕易得知。但在資訊爆炸的時代，每天映入我們眼簾的，不只有想得知的訊息，也會有不想知道的訊息。

尤其自己認識的朋友或同屆同學、同梯同事之中，總有些人特別活躍，他們會頻繁的發布自己的動態，讓大家都看到他們的活躍。對於陌生人的動態，我們或許會一指滑過，但認識的人發布動態，總會停下來看一下。

看到朋友有亮眼表現，理應為他高興，但其實我們特別容易嫉妒跟自己同世代的人，尤其看到對方如此有成就，這也加深了自己心中的焦慮。

在我二十多歲的時候，我對於同世代的活躍表現有很深的感觸。當時正值網路起飛，從那時候開始，我接收到的資訊一天比一天還多。而在我出社會快滿十年的時候，我有越來越多的機會，可以清楚感受到自己與他們的落差。我突然發現，身邊拿公費到國外留學的人變多了，那個誰誰誰年收突破千萬日圓了，誰年紀輕輕就當上高階主管，甚至還會看到認識的人以創業家之姿接受媒體採訪。

焦慮、嫉妒，這是每個人都會有的心情，我認為可以將其視為上進心的表現之一。自我調適這種負面情緒，並**將其轉化為自我提升的動力**，我認為這樣的心態才是正確且健康的。最常見的方法，**就是讓自己沉浸在目前的工作中**。

埋首工作、沉浸其中、如入無人之境般全力專注於工作，如此持續一段時間後，你會發現，自己已經不再受到他人影響，或者說根本沒空去注意別人。現在回想起來，當時我常把「我看到我同學啊⋯⋯」這句話掛在嘴邊，代表我根本沒有專注於自己的工作，才會有餘力去注意同學的動態。

若是看到跟自己同梯的同事，榮升至人人稱羨的部門，也別自暴自棄，與對方斷了往來，不妨改變心態，將對方當成情報交流的對象也不錯。雖然自己沒能進去那個部門，但與同事交流，多少能了解內部資訊。當你建立起屬於自己的人脈網絡，或許未來那位同事還會介紹其他機會給你也不一定。我在某大企業任職時，就曾透過這種方式來拓展自己的人脈並爭取機會。

在資訊大爆炸的時代，必須更加冷靜的看待社群網站上的所有訊息。這些訊息很多時候被誇大、斷章取義、經過多次轉發，最後很有可能該內容已經與事實不符。若我們被所謂的假消息給挑動情緒，白白焦慮甚至無意義的憤怒，那就太傻了。

我就看過原本是說「把這次的業績獎金算進去，我看到千萬收入近在眼前啦」，經過轉發之後竟然變成「年收入突破千萬了」；還有寫著「我成為公司的ＭＶＰ，獲得公開表彰」，這部分雖然不是謊言，但事實上，公司本來就會每個月發表各部門表現良好的當月ＭＶＰ員工。

雖然沒有說謊，但給讀者的感受與印象截然不同。像這種刻意誇大事實再發布出去的案例，我看過太多了。

尤其像我這種已經出社會二十多年的人，到了這個年紀就會發現，在社會新鮮人時期，一進職場就表現優異的領先跑者，並非一直都一帆風順，只有極少數的人才能一直跑在眾人前面。

結論就是，不要去聽周圍的雜音，腳踏實地專注於自己的工作，才是自我調適的最佳方案。

我環顧身邊，能做到這一點的人，職涯發展幾乎都走上了康莊大道。

11 嫉妒和焦慮完全幫不了你

當你任職的時間越久，在你之後的晚輩自然越來越多，其中也會有自帶光芒的優秀新人，一進公司就表現優異、驚豔全場。曾有不少人來找我諮詢，表示很煩惱自己會對優秀的新人產生嫉妒心。

我到目前為止遇過無數優秀的年輕人，雖然現在的我能很從容的應對，也會很高興自己遇見優秀的後生晚輩。但我並非一開始就這麼行有餘力，我也曾心中充滿不安。

這麼說吧，我二十多歲時所任職的公司，是前景一片大好的潛力企業，在「新鮮人最想進的公司」排行榜上名次節節攀升，也正因如此，公司的每一批新人，基本上都比他們的前輩來得更為優秀。面對這種狀況，該怎麼自我調適才好？

首先，**拋棄「前輩必須比後輩優秀」這個想法**吧。這一點我有很深的體會，畢竟我從學生時期就進入了運動員的世界，我所專攻的游泳，是以「時間」來決定一切的運動，跟你的身分或資歷無關。

每個人的才能、天賦都不一樣，游泳經驗的長短、練習量多寡也都不一樣；後輩之中也有人參加過全國大賽，實力堪稱是國際賽等級的強者，而這樣的人才每年都會出現，因此「後輩比自己優秀」是很正常的事情。

我面對如此優秀的後輩，認為與其只會嫉妒，不如好好觀察對方的強項，並思考自己該如何才能像對方那般表現傑出。見賢思齊，這也有助於培養開發自我的潛能。

回想起來，其實我一直以來都跟敏捷、靈活等形容詞沾不上邊，我想我適應環境的能力應該很差。每當面臨一個新挑戰時，我都像是從零開始般艱辛。從上幼稚園開始、小學、國中、高中，甚至到了大學，還有加入社團活動的時候，我都是以吊車尾之姿，艱辛的想要跟上大家。

我曾經非常討厭這樣的自己，但幾十年過去，我也越來越習慣自己就是這樣的人，也可以坦然面對，「反正又是從零開始嘛，來吧！」因為已經知道自己就是得從零開始，所以面對新挑戰時，反而就不覺得害怕。害怕自己不能成為頂尖、害怕自己的表現不如人……這種心態才是束縛自己的枷鎖。

要想擺脫束縛與枷鎖，就從現在開始**打開心胸，好好去觀察那些表現優異的人**。

這種見賢思齊的觀察力，可以應用在各式各樣的場合。我的第一本著作《頂尖人士的職場武器九九％人忽略的一％工作訣竅！》之所以能順利出版，這份觀察力功不可沒。

我在書裡整理出的工作訣竅，全都是我經年累月細心觀察身邊的同事、前輩、主管、後輩等，效法他們的優點與強項，最後順利助我度過工作上的難關。我將這些經驗蒐集記錄起來，編撰成書裡的內容。

如果你去問那些本來就很優秀的人是怎麼成功的？他們通常會說「我也不知道耶，就這樣啊」，或是「對我來說，這本來就是我應有的表現」這類模糊不清的回答。

若你不是那種本來就很會的人，你在觀察別人的成功經驗時，就能發現「原來這裡是重點」、「總之，只要掌握這個關鍵就行了吧」。更重要的是，培養自己將這些要點化為語言，也就是「能教授他人」的能力。如此，你的觀察力就會變得很有價值。

記住，嫉妒或焦慮完全幫不了你，想要掙脫束縛、解除壓力，端看你如何調適自己的心態與思維。我的經驗可以告訴你，轉變心態與思維，有時候甚至可以成為你的武器。

12 問自己，我的能力在整個業界吃得開嗎？

當我們脫離了學生身分，以社會人士之姿踏入社會，我們都會希望去做一份對社會有意義、有價值的工作。

我非常敬佩擁有如此崇高志向的人，不如說，我認為這才是社會人士應有的態度。日本資本主義之父澀澤榮一，及思想家福澤諭吉等偉人們，也同樣提倡這份崇高的志向。

但是，對於鬥志高昂、懷抱崇高志向的新鮮人們，我想提醒你們一件事：凡事都有先後順序。想要放眼全世界、為世界做出貢獻，在你打開眼界認識這個世界的同時，也別忘了要好好整備自己的基礎磐石。

簡單的說，當你成為一名社會人士，**你應該先好好認識自己所任職的公**

司，再進一步去了解你所從事的業界產業，最後延伸至整個社會，才能運用自身所長做出貢獻。

對公司的事情一知半解，只憑媒體的片段報導就擅自揣測、批評公司；對於自己的理想與現實世界的差距感到不安而輕舉妄動，只會拉大你的理想與現實之間的距離，完全無濟於事。

出社會第十年，應該已經要從了解公司的階段畢業，進入「了解業界」的階段，這個時期也是準備接下來提升至「了解社會」的最佳時機。

經常有人來找我諮詢：「我想要去別家公司也能吃得開的能力，我該怎麼做？」通常我會反問對方：「你在現在任職的公司有覺得自己吃得開嗎？」畢竟你在目前的公司都吃不開的話，那到別家公司大概也不會比較好。換句話說，持續培養並充實自己服務客戶的專業能力，**當你在現在的公司暢通無阻時，代表未來你到其他公司一樣也能順利發揮**。

那麼，什麼是只適用於現公司的能力？舉例來說，像很清楚辦公室的物品或設備擺放的位置、〇〇部長的個性、很了解自家公司開發的業務系統使用方式、很清楚自家產品的特色等。

乍看或許會覺得這些能力非常基本，感覺也只適用於當前任職的公司，一點都不像是到別家公司也能吃得開的能力。但是，擁有這些能力，代表你其實具備了**能推動工作進行、良好的適應公司內部環境的學習能力**。不管哪家公司都會非常看重，這種針對公司內部環境的適應力與學習力。

總而言之，你不應該輕視那些「看起來」只適用於當前公司的能力，更不需要因此自卑，甚至覺得這些能力到別家公司一定行不通。

與其一直想著去別家公司也能吃得開，不如專注在目前的職場，好好發揮自己的能力，做出讓客戶滿意的成果，才是通往成功的捷徑。

13

遇到機會要跳出來主動爭取

接下來我們要聊的課題，出乎意料是很多人共同的煩惱，我也在許多場合透過各種方式，與眾人聊過關於這個煩惱的成因及解決之道。簡單來說，這個煩惱就是，員工不同意公司安排的職務調動，因而衍生出來的各種問題。

既然員工不同意，就代表「員工本人想要學習磨練的職能」，與「公司對於該員工所要求的職能」之間有落差。

原則上應該是員工與公司雙方達成共識，才可以安排職務調動，但時至今日，日本還是有一些企業，仍存在著意義不明的「定期異動」這項慣例。

解決方法當然是希望這些經營者，或人事主管能改變想法，刪去那套毫無意義的定期異動；可惜，基於約定成俗的雇傭習慣與法規等門檻限制，要想改變經營者或主管的想法，實在不是一件簡單的事。尤其我現在也是經營者，能理解個中難處。

我認為可以換一個方式思考，去面對與自己職涯規畫不符的工作。這裡可分為兩個大方向來做重點闡述。

第一個重點，試著主動表達自己的意見。

很多擁有此煩惱的人，都會陷入一個誤區，就是他們都沒有察覺，其實根本沒有人知道你想做什麼事。不管你內心有多麼渴望，若是沒有傳達給握有決策權的主管知道，自然很難實現心願。

更常見的情況是，當你的主管終於得知你的想法時，他說：「原來你想做這件事情喔？早說嘛！你早個半年讓我知道的話，我一定無條件安排讓你去接手！」說真的，這種哭笑不得的結局還真是屢見不鮮。

不論是在什麼樣的場合都沒關係，要把握每一個展現自我的機會。

我在ＩＢＭ任職時，當時有三項工作我都很感興趣，也希望自己能擔任該職務。我把握每一次機會，向主管及人事主管持續表達我的熱忱與意願，因此決策者對我留下深刻印象，最終我也確實循序接手了那三項想要的工作。

當然，光只是展現自我還不夠，對決策者來說，安排人選這件事責任重大，因此你的工作表現，也必須讓決策者對你擁有信心與信任，他才能安心的推薦你作為最佳人選。為了達成這項目標，努力提升你目前的職能，就是非常重要的事情。

大方表露自己「除了現職之外，還有更想挑戰的職務」這點很重要，同時也要展現出「儘管目前的職務不是我的第一志願，但我仍以高水準的工作能力做出漂亮成績」的實力。

當周圍的人對你的印象是大方自信，並且認為你是一個可以腳踏實地做出好成績的人，大家肯定會對你刮目相看。達到這種境地，我想你周圍的人們說不定還會有「好想幫他加油，想要幫助他實現夢想」這種惜才之情，讓你身邊的人都變成你的加油團。

說不定有讀者已經注意到了，我現在所說的這些論點，都是針對職涯資歷尚淺的年輕一輩，正因為資淺，所以才更需要多花心思與工夫，在充實自我及展現自我。當你已經是個出社會十年的老鳥，你不能只是等待機會從天而降，你必須自己開闢那條新道路。

第二項重點是，「**自己的工作機會由自己創造**」。身為資深老鳥、在職場打滾了十年的你，主動向公司提出「我認為公司應該要做的事情有這個、那個，而關於這些項目，我有自信自己是最佳人選」，如此滿懷自信的姿態，正是為自己開創新道路的契機。

職涯之中能有幾個十年？已經迎接第一個十年的你，真的沒有多餘的時間，慢慢等待別人來幫你了。

14 不管年紀多長，都別說自己老了

踏入社會十年，越來越常聽到身邊三十多歲的人會說：「我年紀大了，越來越沒用啦。」

我想大多數人應該都到了即將奔三字頭的年紀，才首次感覺自己的身體狀態，好像開始走下坡吧？這是無可避免之事，而我自己在三十歲左右時，也曾說過同樣的話。

事實上，我一直到二十二歲之前，都是游泳選手，因此，我可能比一般人更早開始感覺到，自己的體能已不如顛峰時期。因為身體變得不靈活，新的挑戰對我來說，再也不是簡單就能應付的事情。這段心路歷程，我比很多人都更早經歷過。

體力衰退，可以靠飲食、睡眠、運動等方式加以改善。然而隨著體力衰退，我們的精神也開始變得退縮，**覺得自己沒有能力接受挑戰，亦稱之為「精神老化」現象**。

精神也是身體機能的一部分，當體能開始衰退，也會影響精神，但是，所謂的精神層面，其實只是一種心理狀態。

每個人的價值觀都不一樣，若是發自內心認為自己「老了」，這也是個人的自由。只是，如果凡事都用年紀當藉口而輕言放棄，甚至不願嘗試，在我看來，這實在是非常可惜的事情。

一個四十歲的人聽到三十歲的人說自己老了，他一定會想：「明明就還很年輕啊」；而四十歲的人說自己老了，五十歲的人聽了肯定也會覺得：「你還很年輕呀」。為什麼會這樣呢？我認為這是因為，與印象中十年前的自己相比，其實現在的自己還很有活力，並沒有自以為的那麼衰老。

前幾天我在進行一場線上視訊會議時，會議中有幾位七十多歲的人士說：「我們幾個就像剛出生的小雞一樣呢。」我聽到他們這麼說的時候，想到這幾位都還在社會上活躍，並且一直對社會做出貢獻。

儘管有些人會用年紀當藉口，但他們並不會去否定比自己年長，卻仍接受挑戰的人吧？反而還會投以尊敬的目光。這樣一想，你是否也覺得自己「其實還是想挑戰新事物」、「我說不定做得到」，若你心裡也開始改變想法，就別再用年紀當藉口了。

每次我在演講或舉辦講座時，我的投影片最後都用這張作結尾：「Nothing is too late to start.」——只要願意踏出第一步，永遠不嫌遲。

這句話是我在二十多歲時，為了學習外語而到海外留學，當時寄宿家庭的爸爸經常對我說的一句話。那時候的我心還不定，也找不到人生方向，於是我休息了大半年都沒有去工作，只是待在夏威夷增廣見聞。

每當我煩惱著自己未來到底要做什麼才好，或是對現狀不滿而感到喪氣時，寄宿家庭的爸爸總是不厭其煩的用這句話來鼓勵我。

他是軍人，曾經參加過越戰，我想他在當年退伍歸來、重新開始新生活的時候，肯定也是用這句話為自己打氣了好幾次吧。

日本可說是比世界各國都更早進入了高齡社會，也就是「人人都是百歲長者」的時代。當你可以運用的時間變得更多、更長，你想要去挑戰些什麼呢？不管你想做什麼，就算從現在才開始踏出第一步，也絕對不會太晚。

15 想做的事情全撞期？那就一心多用

很多時候，我們會覺得自己有好多事情想做，但時間就是不夠用。這種狀況再正常不過了。

當我們的心中想要去做某件事，這個念頭就會讓我們一直蓄積能量，我認為這是一件好事。

我本人亦從職涯的某個階段開始，就經常讓自己處在這種狀態中。有點老派的說法就是，人生只有一次嘛，只要有想做的事情，當然希望能盡可能全部實現。但很可惜，人的時間都很有限。比如，某位你很希望能見面談談的人物，你好不容易有機會與對方碰面了，偏偏與另外一個你也很感興趣的活動撞期，這時候就只能忍痛做出抉擇了。

前人的諄諄教誨這時就派上用場，例如，「迷惘的時候，就選擇看起來比較有挑戰性的那一邊吧」、「自己在心裡劃下一條基準線，然後排出優先順序再執行」，這些方法我也很推薦；但是，還是會有不管我們怎麼思考、安排，也無法做出抉擇的時候。

這種情況，我採用的方法就是「我全都要」。你沒看錯，就是兩者（甚至更多）都選，既然哪一方都無法捨棄，只好全部都要了。**全部的選項都不放棄，之後再視狀況調整**。其實這種方式意外很有用。

「講是這麼講啦，但是我的時間真的很有限啊……。」因此，我想出了一套可以更有意義運用時間的方法，在此與各位分享。其實就是非常老生常談的一句話，「**整合與調整，讓你的行動效益最大化**」。

各位是否有聽過ＲＯＩ（return on investment）？它的意思是「投資報酬率」。這裡我所指的投資（Ｉ）是時間，Ｒ則是目的，亦可以說達成目的，等於自己可以得到的成果。

例如，將通勤這項行動賦予目的。我想讀的書有很多，但我實在沒有多餘的時間一本一本打開來看，所以每當我搭乘交通運輸工具時，我就會利用這段時間收聽有聲書。但戴著耳機或許會聽不見環境音（例如車輛的喇叭聲、警報聲），因此我會使用骨傳導（按：將聲音轉化為不同頻率的機械振動，通過人的顱骨、骨迷路、內耳淋巴液傳遞、柯蒂氏器、聽神經、聽覺中樞來傳遞聲波）式耳機，而在等待公車或捷運的時候，我就會先不聽。另外，在確認周圍很安全時，我也會使用簡訊、通訊軟體、語音通話等功能，來回覆別人的訊息或來電。

另外，通勤也算是一種輕微的運動。這麼一想，「通勤」這項行動，就擁有一項以上的效益。

除此之外，不進公司、待在家裡遠端作業的日子，我會利用處理公務或線上會議的空檔，來洗碗、洗衣服、打掃浴室之類，還能碰水的家事。因為觸碰到水的時候，心情上會有煥然一新的感覺；一邊動手清洗，腦袋可以同時思考其他事情，也可以趁機聽一下新聞或其他資訊。如此，不僅善用時間完成了家事，腦袋與耳朵也充分運作，可說是一石二鳥甚至三鳥呢。

在家裡走動時、做家事時、出門辦事時、從事興趣活動時（我個人的興趣是游泳，我會邊游泳邊思考事情），真要說的話，其實時時刻刻都能利用。培養一心多用的習慣，讓你的一項行動產生複數的效益，如此就能同時進行很多事情。

極端一點來說，假設一個人的職涯共有五十年，那麼一心一用與一心多用相比，後者所獲得的總效益結算起來，可能是五十年的一倍，甚至更多。

假如你的職涯可以拉長到一百年，那麼一心一用與一心多用，你一定知道哪一個選項更值得。

第二章

該跳槽還是留下，職涯卡關如何解

1 你也有缺乏願景症候群嗎？

「雖說要有自己的職涯規畫，但我實在不知道自己到底想做什麼。」或許很多人都有類似的煩惱吧？有位大型新創企業的經營者，將這種煩惱稱為「缺乏願景症候群」。

我覺得這個形容真的很妙。這個社會普遍都在告訴我們，「要對自己的職涯有願景、有規畫」，結果卻造成了「因為看不到願景而煩惱」的症狀。

職涯的規畫與願景，有當然比沒有好。人總要有一個目標，如此工作起來才會有動力與成就感，驅使人努力向前。不過，**就算沒有目標，也無須煩惱**。

根據《論語》，孔子說自己十五志於學，四十而不惑、五十而知天命；我不知道兩千五百年前的中國人平均壽命有多長，但現代人的壽命，肯定都比以前還要來得長。就算目前找不到目標也沒有關係，你無須因此陷入焦慮，只要不輕言放棄、持續尋找下去即可。

當然，若是你有持續往正確的方向去努力，相信你的願景也會一點一滴越來越清晰。這種時候，我會推薦你兩個方法，幫助你找出屬於你的方向。

第一個方法，**模擬撰寫自己的墓誌銘**。

這是我在研修ＭＢＡ課程時實際做過的模擬練習。具體來說，就是想像幾十年後，在你的喪禮上，你希望由誰來唸你的墓誌銘，然後試著開始幫自己撰寫墓誌銘的內容。

我當初是想著由我的大兒子來唸我的墓誌銘，開始下筆之後，腦中關於「我希望後人怎麼看我」、「我希望後人對於我的印象是什麼」等疑問的答案越來越清晰。也就是說，透過這個方式，我慢慢掌握了自己未來的方向。

另外一個方法，是蘋果創辦人史蒂夫・賈伯斯於二〇〇五年，在史丹佛大學的畢業典禮演講時，所提到的內容之一：「如果今天就是你人生的最後一天，你會想去做今天原本預定要做的事嗎？」這也可以解讀成：「你到了人生晚年之時，還想要繼續過著像現在這樣的生活嗎？」試著認真去思考你現在所從事的工作，真的是自己想要做的工作嗎？這套模擬練習，對於想要轉職的人特別有效。

或許很多人以為「反正人的職涯很長嘛」，所以經常得過且過，想著「沒關係啦」、「之後再說」。職涯在人的一生中，所占的時間確實很長，儘管無須過度焦慮，但不妨換個角度思考。

假設你已經將近屆齡退休的年紀，你可能會想：「我都一把年紀了，還要繼續銷售那些不知何年何月才會完成在地化，而且銷路很差的外國軟體嗎？」又或者，「我都已經幾歲了？還要一直在沒志氣又沒智慧，只有虛名的主管底下浪費生命嗎？」通常這樣一想，很快就會有答案：「我才不要咧！」

我現在介紹的這兩個方法，相信有不少人早就已經知道了。

我想，會拿起本書閱讀的人，應該都滿懷抱負。不少人看到這裡，應該會很高興的想著「這個我知道！這個方法很有名！」但非常遺憾的是，大多數人即使知道方法，卻沒付諸行動。

我認為這也是亞洲企業一直存在的問題。明明有想法也有技術，卻總是不願意踏出一步實際行動。甚至很多時候，有實力的人反而會因為各種理由，不能發揮能力。

祕密武器若是一直被當成祕密，完全不使用的話，就毫無意義。實際動手來模擬情境試試看吧，相信在你撰寫自己的墓誌銘的那一瞬間，你的職涯就會亮起指路的明燈了。

2

老被安排與自己理想不符的職務

應屆畢業生在找工作的過程中，有可能無法如願獲得第一志願企業的青睞，最後去了不在自己願望清單上的公司，又或者雖然錄取上了第一志願，但最後去了跟自己理念不合的部門，或是被安排了與自己理想不符的職務。

只要一想到現在任職的公司，或現在從事的工作不是自己的第一志願，就覺得心有不平，因此心裡常常想「不應該是這樣子啊」，導致無法專心在目前的工作上，完全無法進入狀況，感覺自己好像被人下咒、受到束縛。

這種束縛對我們來說，絕對不是好事，而對於同樣在這間公司上班的其他同事來說，也是一種負面影響。

意識到自己陷入這種狀態的話，應該會很想趕快解決這個問題，並且會更強烈的想盡快從事符合自己志向的工作，對吧？

我想我可以分享自己的經驗來與大家聊聊。

其實我剛畢業時的求職之路，也跟預想的完全不同。一九九七年，我以新進社員的身分進入廣告公司日本電通集團。我從學生時代開始，就一直投入運動，也擔任過活動幹部代表，有策辦學生競技大會的經驗，所以我一直期望能活用這方面的經驗在未來的工作上，當然，我也是抱著這樣的抱負進入公司。

當時我心裡最強烈的願望，就是自己從事的工作能與奧運有關，最好是有朝一日可以參與主辦奧運大會。但是，這個夢想就在進入公司一個月後的「首次分發」中宣告破滅。

我被分發到離我家鄉較近的地方分公司。以機率來說，未來我想要接觸到奧運的可能性非常低。我只記得當時的我整個徹底絕望。事實上，我根本不記得主管宣布分發結果之後的事，甚至完全沒有印象那天是怎麼回家的。

當時的我無法忍受這種絕望，所以很快就遞出辭呈，重新開始找工作。在那之後，我先是進了安盛諮詢公司（Andersen Consulting）的管理諮詢部門，也就是現今埃森哲（Accenture）的前身；再之後我又進了ＩＢＭ等其他企業，我的職涯也就如此發展下去了。

然而，我卻是直到最近，才漸漸感覺自己的工作狀態越來越好了。一九九七年我自日本電通離職之後，一九九八年長野冬奧、二〇〇〇年雪梨奧運、二〇〇二年鹽湖城冬奧、二〇〇四年雅典奧運、二〇〇六年杜林冬奧、二〇〇八年北京奧運、二〇一〇年溫哥華冬奧……每一次的奧運都如期舉辦，但那段期間我完全沒看電視轉播或新聞報導。當時在我心裡，還是會不時浮現「本來我應該也是奧運工作人員之一」的想法。

儘管跟當初那種忿忿不平的心態相比，後來的想法已經相對淡定很多了，但若是讓現在的我來回顧，我會覺得當時的自己對現實的體悟還不夠深刻，也還不夠全心全意、認真投入眼前的工作，所以才會有「我本來說不定……」的想法。

那麼，陷入這種困境時，到底該怎麼辦才好？其實沒有什麼瞬間脫困的神兵利器，甚至可以說解決之道非常樸實。

儘管並非自己的第一志願，但就結果來說，你終究「選擇」走上眼前這條道路，所以不能輕言放棄重來；你唯一能做的，就是在這條道路上，繼續去實現比你預定還要多的目標。

就我自己而言，我其實很慶幸，能進入一個讓自己無暇考慮太多其他事物、必須（或說不得不）集中注意力在眼前工作的狀態。當我真正全心投入眼前的工作時，也就解開了我對自己所下的束縛。

一旦你做出了選擇，與其三心二意、忿忿不平，不如**讓自己的注意力全部放在眼前的工作**，這反而才是**最快**能讓你**跳出困境**的捷徑。

3

我該什麼都學一點，還是專精一項？

你希望成為一個多元化的通才，還是成為某個領域裡的專才？在做職涯規畫時，這個問題將我們推到人生的十字路口，讓人憂慮、煩惱，不知該如何抉擇。畢竟通才與專才各有利弊，而這確實是一個值得好好思考的問題。

專才，通常是指在某一領域裡，具備極高專業知識或能力的人才，也就是俗稱的專家。儘管領域單一，但是依然能放眼全世界。

另一方面，隨著時代變化越加快速，專業知識也很有可能很快就過時、不適用。而通才具備了適用於多個領域的基本能力，以及較靈活的應變反應，更能適應不同領域或職種。但這些適應良好的通才們，很多時候會被批評是「樣樣通卻也樣樣不通」、「不管哪方面都只是沾一點的程度」、「重要時刻根本派不上用場」，這些負面評價，幾乎成了通才的弱點。或許公司一開始會很讚賞通才的多元性與適應力，但是大多數的通才，很難真正獲得公司重用；最後在職涯上落得一個不上不下的尷尬地位。

那麼，這個難題到底該如何解？我認為解決之道在於兩個重點。第一個重點就是，讓通才轉變成具備經營管理能力的專才。

日本傳統企業組織，會將所有新進職員都先歸類為「綜合職」，也就是以培育通才為目標。

新進職員會分發到各個部門，並且定期轉調部門，就像是以儲備幹部的身分，在學習公司上下各方面的事務與知識。如此一來，職員對於公司會有更深入的了解，也會更清楚公司的網絡，最重要的是，會對公司產生高度忠誠，最終成為公司的主力幹部。然而這種做法也不是毫無風險。

由於將全體新進職員都視為通才型儲備幹部，因此當中有些人明明是專才型，卻苦無發展機會；加上主力都放在培養公司內部的儲備幹部，也就不會有機會去錄用外部的優秀人士。

我認為所有的新人，都可以培養成專才型人才。經營管理或是領導能力等也是眾多專才之一，人資、人事也是一個很不錯的方向。

第二個重點則是**眼光要放長遠**。如果一直執著於二選一，當然很難決定。但是別忘了，現代人越來越長壽，可以說是邁入幾乎人人都能活到百歲的時代了。

我祖父所處的時代，當時所制定的屆齡退休年紀是五十五歲。那個時候的大學升學率比現在低好幾倍，平均壽命也比現在短，因此制定的屆齡退休年齡比現在還要早。假設一個人念到研究所畢業，那麼工作三十年就必須強制退場（退休）了。

但是，現今的屆齡退休年紀是六十五歲，且現今社會上的工作類型相當多元，已經不是只有坐辦公室為企業賣命這個選項了。甚至我認為，現代人的職涯可以長達五十年也不誇張。這麼一想，不就覺得根本沒有必要當下立刻抉擇專才或通才嗎？

比如，眼下先選擇以專才為目標，並給自己五年的時間，屆時再看看環境條件及自身的成長。到時候如果想改以通才為目標，當然也可以；而到了下一次的自我審視時機，就再繼續依照自己的狀況來調整。如此一來，最後極有可能成為了跨領域的複合型人才，這樣的職涯規畫，我認為也是可行的。

我目前幾乎都將時間，花在新創事業的執行董事職務上了，但我完全沒有放棄身為ＨＲ（Human Resources，人力資源）專業人才這件事。我會依據各個時期的狀況，來調整自己心中的優先順序，並以提升整體效益水準為最大目標，期許自己能保有活躍於第一線的專業實力。

4
如果這是你待的第二家公司，我勸你留下

該繼續留在目前的公司，還是該換一家呢？

我相信有很多人都有這個煩惱，背後原因也各有不同，有可能是跟主管處不來、不喜歡目前的工作內容、沒錢、想換個城市工作、不適應企業的組織文化等，每個人身處的環境不一樣，所產生的考量也有所不同。

有想要挑戰的事情、想去崇拜的公司工作、想搬到某個地區定居……這些積極追尋改變的想法，漸漸在心中萌芽，這些煩惱也會根據你的狀況及目標，而有不同的解法。

首先我想說，若你已經出社會十年左右，仍待在職涯中的第一間公司，尤其還是那種自二十世紀以來，就一直遵循傳統的老牌企業的話，我強烈建議

你，**只要你心裡有一點點想要改變的感覺，就該立刻行動，尋找轉職的機會。**

世間有一個不成文的論點：一家公司的平均壽命是三十年。你遲早都要重新審視你所屬的公司狀態。說不定仔細觀察後就會發現，其實它早已經完成了階段性使命，現在只是隨波逐流，維持經營狀態而已。

話說回來，你越高齡才要初次轉職，你面對外界變化的應變能力就會越差。不管怎麼說，第一次總是會令人緊張與不安，體力、應變力、適應力等，本來就會隨著人生階段而產生變化。一般來說，年紀越大才開始體驗「第一次換工作」，感受到的壓力與風險也會比較高。

但是，有了第一次的經驗，之後的第二次、第三次轉職，你會越來越駕輕就熟，此時已經與你的年紀無關了。累積的經驗越多，面對換工作的門檻，你也會越來越得心應手。

別誤會，我並非鼓勵你輕易就去換工作。我本身在ＩＢＭ任職長達十五年，對於長期在一個企業裡工作與學習、成長，這方面我抱持著高度肯定。

長期投入在一份工作裡，從中可以學習到許多知識與經驗，同時也能累積成果。長時間努力耕耘，你在該領域的技能可以越磨越專業，相關經驗也會更豐富且熟練，持續負責同一個客戶，也能讓你與之成長，甚至成立一個很進入狀況的強力團隊；這些經歷在職涯中，都是難能可貴的優勢。

最重要的是，不論你對現狀感到多辛苦、難熬，不管你多想要逃避，請一定要把「離開這家公司」這個選項，從腦袋當中排除，或者將順位放到最後。人的潛力都要被逼到最後一刻才會爆發，唯有讓自己不那麼輕易找到退路，才會發自內心想：「別再逃避了，想辦法解決問題吧！」

回到我自身的經驗，我在二十多歲時，可說是頻繁換工作的跳槽大王，但我還是盡可能的去學習經驗；三十多歲時進入了ＩＢＭ，靠著堅定的決心與意志力，我在這裡奉獻了很長的歲月。

這段時間我用盡全力將換工作的念頭排出腦海，要求自己專注眼前的工作。現在回首過往，當時在ＩＢＭ時期所培養起來的能力以及人脈，至今都還派得上用場。

因此，若你**目前任職的公司**，已經**是你出社會的第二家或第三家**，而你在猶豫「是否要留下來？還是要出去闖？」的話，基本上，我會**建議你還是先留下**。留下來，並且試著努力打破現狀！

但是，倘若你的職場強迫你去做違背理念的事情，或是你遭到職場霸凌、惡意騷擾等不當對待，那就另當別論了。面對惡劣的工作環境，無須忍耐，盡快尋求協助才是上策。

5
膩了一般企業，可試試顧問諮詢

近年來，日本國內的顧問諮詢公司的數量可說是大幅增加。差不多在二十世紀末，顧問諮詢產業迎來熱潮的最高峰，甚至之後還不停成長；至二〇二一年時，包括ＩＴ（資訊科技）在內的顧問諮詢產業規模將近一兆日圓，目前更以每年近一〇%的速度持續發展中。

我過去所屬的埃森哲管理諮詢公司，進入二十一世紀後，企業整體成長十倍。出自埃森哲的人才們不只活躍在管理諮詢產業，在新創事業與上市大企業等各個領域，甚至非營利組織（Nonprofit Organization，簡稱ＮＰＯ）、政治界也都具有相當的影響力，可說是為了世界的發展，貢獻了一己之力。要說埃森哲在世界上擔任了培育人才這個重要角色也不為過。

所謂諮詢、管理顧問，其工作內容包羅萬象。例如協助企業制定競爭策略、為企業執行各項企劃；IT資訊、會計、人事及人力資源等全方面支援都涵蓋在內。

除了商務方面的通用技能以外，利用專業能力為企業分析體質、提案流程改革等，這些以資方為主的企業經營顧問協助，可說是顧問產業的主要業務。最近有非常多顧問諮詢公司會錄用應屆畢業生。

在新鮮人的「希望就業排行榜」上，顧問產業經常榜上有名。也有不少原本任職於一般公司企業體系的人，在轉職或跳槽的時候，選擇加入顧問產業，這也使得這個產業的從業人員資歷相當多元，豐富的經驗，正是這個產業的人才最有價值的實力賣點。也因為這股趨勢，許多人在規畫自己的職涯時，都會將顧問產業列為選項之一。

正值職場第十年的各位，是否也察覺到身邊有不少人（包括你自己），都考慮過跳槽成為管理諮詢顧問呢？

我很推薦從一般公司跳槽至顧問產業。

我經常試著用運動的角度，來比喻跳槽加入顧問產業這件事。身為一名管理諮詢顧問，必須面對各種不同背景與領域的產業，每一位客戶都擁有各式各樣的課題與困境，需要顧問來提供協助與分析擬定改善策略，而這些諮詢的業務工作，就跟運動員為了自我增強，而去重訓一樣。

每一次的諮詢服務，就是要擬定一個短期的計畫性方案（重訓），這可以有效提升你的業務技能（肌力效能）。當然，重訓本身不是一件輕鬆的事情，但效果顯著。

當一名運動員持續一定程度的短期計畫性重訓之後，不只會增加本身的肌力效能，重訓的過程中，也會讓他更專注的去投入所選擇的運動項目。例如做了棒球相關的重訓之後，會更投入在棒球上，游泳亦如是。而諮詢顧問須服務來自不同領域的客戶、投入心力解決各種不同的難題，最後顧問自己也會變成該領域的內行人。

近年來，藉著投身顧問產業的經歷，進而挑戰自行創業的案例已司空見慣，且大多數人都成功創業。埃森哲過去曾經實施創業假這項制度，這種特休假被員工視為來自公司的鼓勵，當時也有不少人善用了這項制度，最後也都獲得展翅高飛的機會。

當你在一般公司企業體系累積了一定程度的經驗之後，再選擇轉職投入顧問產業，這個過程就跟運動員透過重訓來鍛鍊自己一樣。在增強自我實力的同時，也進一步想像，自己接下來要如何發揮蓄積的能量與未來的方向。從這個意義上來說，已經擁有基礎的你，肯定跟其他毫無基礎卻直接挑戰重訓的人，所表現出的最後結果會有相當大的差異。

誠摯推薦你將諮詢、管理顧問列入職涯規畫的選項之一。

6 最適合創業的時間，就是現在

隨著時代變遷，法律的改定與修正，再加上大眾社會越來越追求技術，以及資訊的流通與發展，現在要成立一間公司，已不是什麼太困難的事情。隨著這股潮流，加入新創公司以及創業，也已經成為職涯規畫時的基本選項之一。

想來真的是時代不一樣了，現在當你說「總有一天我要自己開公司」時，已經不太會被別人嘲笑，或是被說「我勸你還是放棄比較好」。

我曾經聽說過，在一場座談會上，有人向某位知名的創業家請教：「請問您認為什麼樣的時機，最適合創業呢？」結果這位創業家毫不猶豫的回答：「創業，就是現在、立刻、馬上去做，最適合。」

我猜那場座談會的時代背景，應該是在日本修改公司法之前。當時成立公司的必要條件，是要有一千萬日圓的資本額，且股東至少要有三位以上（按：目前臺灣沒有最低資本額限制）。然而現今已經沒有最低資本額的限制了，股東（或董事）也只要有一位就可以成立。也就是說，只要下定決心，現在想要創業的話，確實是可以馬上去做。

儘管成立公司仍需要面對許多法律程序，但是只要願意支付手續費，也有很多相關業者，可以幫你包辦成立公司所需的事務（例如整理書面文件、跑流程、辦手續等），甚至可以說，開公司比結婚還要來得簡單多了。

不過，很多人始終踏不出創業的第一步，過去的我也是這樣。現在想來，當時我所身處的環境算是相當難得。

從我年輕時期開始，身邊就不乏一直挑戰自我創業的人。在那之中，有人將自己的公司經營得有聲有色；有人的公司發行了股票，還在東京證券交易所市場第一部（按：主要由大型公司股票組成）上市；也有人是因為創業的成功經驗，而常常登上媒體版面。因為自己身邊都是這種成功案例，所以我也想過遲早有一天也要創業，但就是踏不出那第一步，一直到我出版了自己的書籍著作，這才成了轉機。

那時我希望能一邊當上班族，一邊增加副業收入，同時也希望能有更多機會，來打開自己的世界、增廣見聞。想要達成這些目的，成立自己的公司似乎會比較有利，於是我就順勢創業了。

之後，因為許多機緣，我成立了不只一家公司，且也有機會擔任多家公司的股東及董事。曾幾何時，我已經完全沉浸在新創事業的圈子裡面了。

回顧我自己走來的路，對於前面提到那位在座談會上，認為「創業，就是立刻、馬上去做，最適合」的知名創業家，我只能說，我的心中充滿了共鳴與認同。

其實很多事情，**在實際動手去做之前，我們會一直畫地自限，認為這件事一定很難；然而等到實際動手去做了之後，就會發現其實很簡單。**

讓我們冷靜思考一下就能明白。目前全日本包括獨資的個人事業在內，總共有超過三百萬家以上的公司（按：根據經濟部二〇二二年三月底存活公司行家別家數統計，全臺約有七十四萬家公司），而勞動工作人口有六千萬人，以數據來說，也就是每二十人當中，就有一人是老闆；我們也可以想成在小學班級中，每一個班級裡，就會有一、兩個人將來會開公司當老闆。這樣一想，是不是突然覺得，當老闆也不是一件太困難或太稀罕的事情了？

就我自己成立公司的經驗來說，我想最值得提供各位參考的部分，應該就是我一邊當上班族，一邊自己開公司創業這方面吧。我很推薦這種方法，主要是因為能夠避免無收入的窘境。

我認為現代人同時從事不只一份工作，已經算得上是常態了。我在創業時，我所屬的公司裡也有其他人是一邊上班，一邊私下著手自行創業，等待時機成熟就會提出離職，公司對於這類現象也已經習以為常。

我認為最重要的重點，就是向公司好好說明自己的狀況，並且務必遵守公司的既定規範及程序。

當然，周遭一定會出現那種明明什麼都不懂，卻又愛說三道四的人，但是跟那種人爭論太多並非良策，我認為只要堅定自己的信心，在不起衝突的前提下努力做好自己的事情，最後自然就能擺脫他們。

要記住，成立公司是手段，而非目的。畢竟成立公司之後，緊接而來的就是僱用員工、調配資金、是否上市、利潤分配、繳稅等一道又一道的關卡在等著你。但是無須過度擔心，**凡事起頭難，但跨過了最難的第一道門檻，後面的關卡在你眼裡都將不再是難關。**

7 經驗還不足、家人反對……這是推卸責任

我經常聽到身邊有些人明明很想轉換跑道、挑戰不同領域的工作，卻苦無機會與門路。

最常聽到的是，想要轉職的領域，與自己目前現職的領域差太大，本身又沒有相關經驗，因此就算投了履歷，也在第一關就被刷下來。

確實，若我站在資方立場，要錄用非應屆新鮮人的話，當然會優先錄用擁有相關經驗的人，而且開出的求才條件門檻也會比較高。近年來較熱門的職缺，例如數據分析師、ＡＩ工程師等，在我身邊也有許多人對這類新穎的工作感興趣。

我在協助這些人的過程中，深入了解到這類新穎職缺，大都來自於網路大

數據時代之下的新領域產業；然而，當中有不少人其實已經具備相關的知識與技術，卻因為沒有實際經驗，結果仍舊在投履歷的第一關，慘遭淘汰。

事實上，在這個產業領域當中，職缺需求與日俱增；越來越多企業已經不拘泥非得要錄用相關經驗者，反而願意錄取已有社會經驗的非新鮮人，前提是公司認為你有潛力、值得培訓。若你已經不是社會新鮮人，但認為自己擁有潛力、值得公司培訓，你何不試著跳出框架，給自己一個機會去挑戰看看呢？

一般要去挑戰新領域時，通常會先從門檻較低的工作開始，例如實習生、志願者，或是以副業接案的形式承接發包工作等。透過這些方式來累積相關經驗，同時也能獲取業務實績，如此就能將這些經歷寫進履歷表。

另外，我也曾聽過有人抱怨說，雖然自己順利轉職了，卻和新東家合不來，明明自己有一身知識與技術，卻因此完全沒有機會發揮實力，這時要後悔也來不及。

為了避免發生這種悲劇，我認為可以利用自己現有的休假，安排時間，讓自己以實習生的身分先適應新的職場；或是以副業接案的形式，先承接新東家的專案工作來挑戰看看，如此也能確認自己的實力是否足以應付新工作。

我也是這樣走過來的。我所創立的 Aidemy 股份有限公司在最初前半年，幾乎都是靠我個人接案運作，後半年則開始僱用短期約聘員工，再下一個前半年才開始僱用其他正職員工；就這樣以半年為期，一步一腳印發展，最後我才真正成了公司的執行董事，主持公司的營運大業。

善用實習生或副業接案的形式，對轉職者及新公司來說，都是一個很好的緩衝，最重要的是，可以藉此觀察雙方未來是否能順利共事。若你已經有準備好要轉職過去的公司，我建議你不妨誠心誠意的與新公司商量看看這種做法。

還有一種狀況是，過去經常有人會說「因為我老婆不同意」，所以放棄轉職或跨領域的機會，甚至也不敢輕易跳槽，更甭提創業。不過最近也開始出現「我老公不諒解我」的案例，但總歸來說，就是因為另一半（或家人）不支持，阻礙了自己的職涯發展。

我想這不限於轉職，包括創業或兼差副業，甚至是否進修研究所等，重要人生大事需要做出抉擇時，另一半往往會先想到伴隨而來的風險，因而投下反對票或不願支持。

然而事實真的是如此嗎？現實中，應該不會有人是真的因為無法說服另一半，而放棄眼前的新機會或新挑戰吧。但是「無法說服另一半（家人）支持」，對於那些始終原地踏步的人來說，卻成了一個非常合理的藉口。試想，這不也是變相的將責任推卸給另一半嗎？

我自己在規畫創業時，就是因為不希望影響到收入，也不願意給家人造成負擔，因此才決定先以副業接案的形式來起頭。

現代人的工作型態越來越多元，在考慮轉職或創業時，可以善用不同類型的工作方式組合。想要實現目標，腳踏實地做足基本功，自然就能跨越門檻。

8

我的職場座右銘：永不退休

英國倫敦商學院教授林達・葛瑞藤（Lynda Gratton）的著作《一百歲的人生戰略》（*The 100-Year Life*），誠如書名所示：「未來將是人人都能活到一百歲的『百歲時代』，對於以長壽聞名世界的日本人來說，這也代表日本將率先進入人類史上前所未有的百歲社會。」日文版的書籍簡介乍看好似有些誇大，但確實如此。這本書在日本上市時，引起了廣大的注目。書中將日本人意識到的事情重新整理、提出，其內容重重衝擊了日本社會。

或許是這波影響所造成的浪潮，人們也開始思考：「若想過上豐衣足食的老年生活，那麼我現在該怎麼做？」連青年人的煩惱清單上都有這一項。

由於我也還活躍在第一線，關於這個問題，也給不出肯定的答案。退休金的儲蓄方式、維持身體健康的保健法、持續保有興趣或嗜好、即便退休了也還可以經營副業……可以切入的角度太多，我想每個人也都會有屬於自己的獨特見解。

若是站在職涯的角度，我目前正在身體力行的一個觀念，或許可以讓各位讀者參考，那就是「永不退休」。

我的父親及我的祖父、外祖父，三人都已七十歲以上，卻仍舊繼續工作，因此「人生在世，理所當然就是要工作」，這樣的觀念從小就深植我心裡。也因如此，我面對所謂的法定退休年齡是六十歲或六十五歲，我都不以為然。

明明身心都還能工作，為什麼一定要退休呢？這是我自己的職涯，難道我不能自己決定何時退休嗎？甚至應該說，我還想要持續精進，讓自己擁有不被時代淘汰的技能以及人脈網絡，我是真的這麼認為。

實際上，目前我每天都會與一位七十歲以上的大前輩，討論工作上的事情、彼此互相介紹案件以及討論專案等，每天交流都很順利，完全感受不到吃力或懈怠。

因為抱持著永不退休的心態，在職場上不僅讓自己的寶刀（能力）常保鋒利，生活上也能一直學習新事物，而不被時代淘汰；更重要的是，能一直與各式各樣的人接觸、往來，讓我很開心。

就另一個角度來說，世俗眼中認為已經不需要工作的老前輩，卻反其道而行，選擇繼續工作。與年輕人共事時所感受到的快樂與活力，還有完成工作時所帶來的成就感，都能讓老前輩們再度感受到自己對社會還是有用的。

至少，我認為我的職涯並沒有屆齡退休這回事，只要想到我的職涯不會在六十歲或六十五歲劃下句點，我的行動力就會大幅上升，學習新事物的範圍也不再受限。

在日本，四十五歲屆齡退休雖是近期的熱門話題，但是想想曾經支撐日本經濟成長的企業終身僱用制、年功序列薪水制（按：以年資和職位，訂定標準化的薪水）、年齡上下隔閡等，這些日本資方長年以來根深蒂固的雇傭習慣，不難發現那樣的論調，其實根本是資方為了合理化自己的利益，實則破綻百出的謬論。

以目前的社會現狀而言，我想各位所任職的公司，應該大都有制定屆齡退休的年紀，但企業的雇傭習慣會隨著時代浪潮改善，說不定在不久的將來，屆齡退休也將成為過去式。

何不開始試著想像沒有退休年齡限制的職涯呢？說不定，當你將退休的概念拋諸腦後，原本的焦慮與不安，瞬間就轉變為夢想及鬥志了。

第三章

目前公司很難升遷、老加班，我還要待下去嗎？

1 遇到困難，就站高一個位階想事情

成為社會人士之後，每天日復一日認真工作。然而，習慣了工作步調與職場環境後，不難發現，每天映入眼簾的世界越來越狹小，範圍大概只剩半徑五公尺吧。長期下來，自己所能接觸的事物非常有限，頂多只能摸清自己部門的狀況，想要了解公司甚至是整個事業部的全貌，非常困難。

我剛開始就業時也是這樣。每天上班、埋首工作，但我所知的資訊，僅限於自己的部門（部門人數約十來個），我所能接觸到的專案，也僅限於上面派發下來、再經由部門分配。這就是我在安盛的諮詢管理部門的生活。

我記得，一直到我終於有機會參與管理上千人的部門以及大型專案，才終於覺得自己的視野變開闊了。當時那種豁然開朗、看待周圍環境的眼光、角度都截然不同的感覺，至今我仍記憶猶新。

當自己的視野，從半徑五公尺，越變越寬廣的時候，這就是你成長的證明，每一個人遲早都會遇到這種變化。看待事物的角度、思考模式，最明顯的變化，就是你會開始反思「這間公司……」、「本來應該是……」等細節，這正是促使你在職涯上成長的必要養分。

但，很多人的成長，往往在這個環節就停住了。

例如，眼界開闊後，看出很多問題點，卻只是一一點出問題，無所作為。這樣的行為，就只是單純的抱怨而已。若是淪落到只會出一張嘴，卻不實際解決問題，那麼你終究也只會變成「痛苦的夾心小主管」而已。

在指出問題點的公開報告書上署名，同時提出改善策略，這是評論。提出評論，代表你對自己所提出的內容負責，同時也能接受來自各方不同的回饋與意見；評論與抱怨是截然不同的事情，而比評論更上一層樓的，則是實際推動改善策略。

當然，根據每個人所從事的產業及職位，實際採取的行動也會有差異。但我想會閱讀本書的各位，應該都是積極追求更好的職涯的類型吧，相信最終也會根據自己的意志做出選擇。

國際知名的大企業ＩＢＭ，當初面臨創業以來首次的經營危機時，它們破天荒的選擇了外部招聘首席執行官——路易斯．郭士納（Louis Gerstner）。

路易斯的著作中寫到，「在一場企業改革中，通常可以概分出四類人：積極採取行動促使改變的人、被動接受所有改變的人、對於已發生的改變抱持旁觀者心態的人、不關心任何事也察覺不到改變的人。」我在十五年前就拜讀了這本書，當時讀到這段文字時，在我心裡引發了陣陣漣漪，現在回想起來，那時心中所產生的激動情緒，正是一個徵兆吧。

當你站在可以主導改革的立場時，你會覺得工作變得非常有趣；與此同時，你也更能深刻感受到自己的成長與改變。

萬一，很遺憾的你沒有成為「促使改變」的那類人，那麼最後你頂多只能成為「被動接受改變」的人，並且被核心圈排除在外，只能在圈外尋找容身之處。

將企業組織的課題迅速甩鍋給高層、認為一切都是經營者的問題，這正是「被動接受改變的人」的通病；那些無法升遷（亦即被核心圈排除在外）的人，也多有這種卸責心態。

只要你願意踏出關鍵的一步，讓自己站在促使改變發生的人的立場來審視整體，你會發現你的視野、觀點、思維全都不一樣了。

當你變得能理解主管或老闆的想法以及辛勞，你再重新去看待那些跟你面臨相同課題或困境的人們，你也變得能分辨出誰是盲目、誰又是明眼人。同時，你也會明白，以往那些掛在嘴邊的抱怨，對周遭環境造成多少負面影響；主管及老闆聽到那些抱怨時，又會產生多少精神壓力。唯有透過這些累積與磨練，才能讓自己真正成長，並且做好日後成為一個經營者的心理準備。

記住，當你開始對自己目前任職的公司方針有所質疑時，接下來你要採取什麼樣的行動、做什麼樣的選擇，將會大大決定了你未來的職涯發展。

2

公司永遠都有加不完的班，那就離職吧

有些企業認為，員工必須在工作上投入更多的時間，才值得公司給予高度評價。

我相信很多人都明白，在八小時中創造最大工作效益是最理想的方式，可惜現實是殘酷的。

假設工作三小時與工作八小時，最後所呈現的成果品質皆相同，那麼，「該投入多少時間工作」，就是個值得思考的議題了。

目前為止我所看過的美商企業，在這方面與日系企業特別不同。我所接觸的美國同事們，幾乎都貫徹了「想要往上爬的人，卯足全力、二十四小時都在工作，但不追求晉升的人，除了工作時間之外絕對不工作」的兩極文化。因此，美國的高階主管們，從日本時間的星期一上午（美國時間則是星期日的下午至午夜），就會一如往常的回覆工作訊息，甚至在凌晨三點出席線上會議。他們唯一不回信、不聯絡的時間，大概只有在聖誕節當天的幾個小時而已吧。就連人在機場準備登機，甚至是新年期間，他們還是會持續工作，真的是令人嘆為觀止。

在日本，由於年齡、生活環境、體力、健康狀況、工作態度等不同的考量，無法做到長時間奉獻給工作的人，對於這種二十四小時都在工作的文化，應該會很吃不消，卻只能扛著壓力，勉強自己繼續在這樣的環境中工作。

這種出自於工時長所造成的煩惱，可以概分成兩大類：

1. 可以長時間奉獻給工作，但實在很不想要一直去做無意義的事（工作內容）。
2. 因為家庭和個人私事，沒辦法將時間都拿去工作。

對這些擔憂與不滿，我的立場都是，「若已經無法忍耐現狀，那就努力去改變它；用盡所有方式卻還是無法改變的話，那就離開這個職場吧！」尤其對於抱著第一點煩惱的人來說，更是如此。

那些不必要的會議、沒有意義的繁複作業……我相信不是只有你一個人感到厭煩。最理想的狀況是，當你登高一呼，很快就有不少人贊同你，你就能順利推動改善計畫；反之，也有可能旁人只覺得你有勇無謀，沒人真心想跟你一起推動改變。

我認為，將工作業務內容最佳化、省去所有妨礙作業的無意義行為，並勇於提出改善方案，這對員工及企業組織來說，應該是雙贏的事情。如果做了這麼多努力卻還是徒勞無功的話，代表此處不值得你浪費時間，另尋他處或是自己創業都是出路。

至於第二點的煩惱，或許可以參考前面我剛才提到的美國高階主管工作狂的模式。他們真正令人佩服的是，絕對會實現對家人的承諾及約定。比如孩子還小，需要父母養育；家人年老或生病需要照護，遇到這些特殊時期時，他們反而會堅守每日工作八小時，下班後全心回歸家庭。有的人則是會規畫一段時間，暫時脫離上班族身分，重返校園進修；總之就是盡可能在職涯與生活之間取得平衡。

即便是工作狂，也不可能在漫長的職涯中，一直維持高強度的工作方式。我建議你可以在心中為自己的職涯加上時間軸，規畫出全力衝刺的時期，以及允許自己暫時放鬆的時期，能夠做到這一點，也是人生的智慧。

俗話說熟能生巧，當自己的專業技術還不夠成熟時，確實只能多花一點時間來勤能補拙。然而人生的階段變化每天都在推進，一般來說，多數人最明顯的變化，就是年紀越大，體力越差；也正因如此，我們需要純熟的專業技術，來幫助我們節省時間。其實人生的階段變化，對於我們每一個人來說，正是檢視自己的時間管理、專業技能，以及審視人生的大好機會。

3 沒有人對老闆有怨言，反而是一種警訊

那是我任職於某個大企業人事部時所發生的事。

當時我在人事部，負責職員的職涯開發及研修等工作。某天，我的主管要我一起參加某場會議。在那場會議上，年輕技師代表提出一份報告「關於年輕技師的意識調查結果」。

那份調查結果中，其中一題是：「你對自己的職涯是否感到不安？」年輕技師代表指出，只有三成的受訪者表示「我感到不安」，甚至是「我非常擔憂」等回答。而我當時聽到這份報告內容時，非常訝異。

當然，我訝異的點與那位報告者相反，我驚訝的是，竟然有七成的人都對自己的職涯感到安心？

當時那間公司為了改革事業版圖及企業文化，他們併購了我過去任職的公司，將兩間公司整合起來，再強行推動各種改革，當時這過程非常艱辛。

企業整體停滯，卻有七成的年輕職員安於現狀。而其他嗅到危機氣息、不滿意公司現狀的優秀人才則提出辭呈，整間公司正處在這種負面的連鎖中。明明察覺到人才流失，年輕技師代表卻不認為這是問題，在會議上還提出了幾乎是提油救火的對策，無疑宣示了這間公司已經病入膏肓、沒有救了。

如果你已經出社會第十年了，在你當下任職的公司裡，你身邊的同事都對現狀感到滿意、沒有人對公司有怨言的話，我建議你反而要把這個現象，當成是一種警訊。

與安於現狀相反，質疑公司，或周圍環境給予的一些刺激，讓多數人經常對現狀抱有煩惱與危機感，我認為這種職場環境比較正常。尤其對組織及人才培育來說，危機意識更是不可或缺的要素。

我曾任職過許多家公司。當中也不乏有十年資歷的人才，在公司擔任重要職位，在安定的職場中，穩穩鞏固自己的地位。但事實上，看似安定、實際卻是毫無任何作為的企業組織，在外人看來，已經很明顯的正在衰退。

我當時身處在這種組織，為了給職員們更多關於職涯開發的參考範例，我向當時公司的主管們進行了個別訪談，訪談的主題是：回顧自己的職涯。

主管人數這麼多，加上我都是個別訪談，但讓我訝異的是，每一位都異口同聲表示，自己從來沒有想過什麼職涯發展或願景，只是單純的認真完成上面交代下來的工作而已。每位主管的回答都一模一樣，著實讓我印象深刻。

當時我對於這樣的訪談結果，心裡只有「是這樣喔」的感想。但是後來，我開始承擔更重大的企業責任，接觸了新創事業，也累積了自己開公司等各種經驗，現在的我敢斷言：「那些只會照著主管命令做事的傢伙，最後竟然成了公司的領導主管，這間公司岌岌可危了！」

真正在公司扮演核心角色的人才，會讓自己經常保有職涯的危機感，同時也不停在企業組織中摸索各種可能；其結果往往就是，這些人才能創造比原本還要多出將近十倍的業績，並且持續成長，更加強大。

居安思危，是促使你成長的精神糧食。

4 不滿意主管安排的職務異動，可以說不嗎？

我在本書第一章的第十三節中提到，日本企業至今仍有定期異動這項傳統文化，這是日本企業的陋習之一。我會這麼說，是因為我認為職涯規畫，應該要優先考量當事人的意願。

話雖然是這麼說，但不少人目前所任職的公司，是以培育通才為方針，也會採取定期異動。畢竟公司文化不可能說變就變，而提出離職也不是那麼簡單的事。

遇到這種狀況，何不試著換個角度思考，或許公司的安排，其實正在拓展你的可能性。這並不是我在職場上的心得，而我是在學生時代，透過種種經驗，親身體會到「既然無法改變他人，不如改變自己的想法」。

學生時代的我熱衷游泳，滿腦中只想著跟游泳有關的事。我那時專攻短距離自由式。而選擇短距離自由式的理由只有一個，就是我極度想專注投入短距離自由式，這股動力強烈到，我的眼中只有短距離自由式，其他項目都入不了我的眼。

儘管還是有去接觸其他項目，但我心中始終想著，「我要專攻短距離自由式」，因此在練習其他項目時，我不但沒有用盡全力，甚至還有點敷衍帶過。

那時，有位學長對我說：「河野你比較適合去練長距離啦，我很肯定！」他甚至還問我願不願意加入長距離自由式的團隊一起訓練。但當時的我，眼中只有短距離自由式，我想著「怎麼可能啦，我明明就不擅長長距離」，學長的提議我也沒放在心上，最後就不了了之。

經過了幾年，我始終無法突破自己的最佳紀錄，這讓我非常苦惱。為了改變心境，我在在學最後一次的賽季之前，也就是非賽季的冬季期間，試著挑戰長距離自由式。後來到了春季賽事，我改以長距離自由式的項目出賽，結果我竟然游出更快的紀錄，也獲得比以前相對更高順位的排名。於是，在學最後一次的賽季，我就以長距離自由式的項目出賽，最後留下了還不錯的個人大學比賽紀錄。

此時，我才想起了那位學長的話。如果當初我有接納學長的提議，早早加入長距離自由式的團隊一起苦練的話，現在的我是否就能創造出更好的成績？

這個經驗讓我學到，「適合與否，自己看自己會有盲點；所謂旁觀者清，旁人反而能給予正確的意見」。我的這段經驗，很貼切本章節的主旨。

就算公司安排的職務異動，乍看讓你覺得不滿意，但其實很有可能是公司基於你的特質，而特地安排的也說不定。如果，一直以來你都堅持己見，只埋頭苦幹自己想做的事而無視其他，漸漸的，是否你也開始迷惘，覺得自己無法有所突破呢？再加上，聽到這是公司發布的人事異動，是否也更讓你猶豫不決，甚至有點抗拒呢？

其實我這幾年來，一直都以公司的安排當令箭，推動職員們去挑戰不同職務。我的出發點全部都是，「這樣做肯定能讓這個人的潛能開花結果」、「我想他其實很想來做這邊的工作吧」，當然，我也會直接與當事人提議與懇談。

如果說，當下你並沒有「無論如何我都想做這個」的執著，而公司安排的職務異動，也沒有與你的理念或價值觀相違的話，我認為你可以先接受公司的安排，藉此累積經驗，說不定你會因此而挖掘出自己新的一面。甚至也有可能因為接觸到你原本未知的領域，反而激發了你的鬥志，讓你在不同的領域裡，以不一樣的身分發光發熱。

日本企業傳統的定期異動文化被視為陋習，是因為它會讓員工變得被動且消極，失去競爭力。但是我認為，與其不甘不願、滿懷怨念，不如將其視為拓展自身可能性的大好機會，好好活用公司的資源，來讓自己獲得經驗與成長，才是聰明之舉。

5 公司名氣很響亮，就這樣離職有點可惜

各位是否有聽過「員工敬業度調查」？其實這項概念源自於英文的「Engagement」，這是指向企業底下所屬的員工們進行調查，再從調查結果來推論，員工對於自己任職公司之認同感高低；同時，這份調查結果，也會被當成企業是否需要改善或推動改革的參考指標。

敬業度調查的得分越高，代表員工對公司有較高的認同感，且大都能積極遵循公司的方針；反之，敬業度得分越低，代表員工可能不是很喜歡目前任職的公司，甚至隨時有可能離職走人。

自金融海嘯之後，世界上許多企業都會參考敬業度調查，也將調查結果做更深入的分析及應用。從國際知名的大型市調公司公開的數據中可以看到，依

照國別區分時，日本上班族的敬業度得分可說是異常的低，甚至低到顯眼的程度了。

對於這樣的結果，雖然可以從許多不同的方向切入探討，但我個人認為，這是因為日本人普遍有「雖然很討厭，但我不能辭職」的心態所導致。而談到其中的理由，大部分都是，「因為目前任職的公司是很有名的品牌企業」、「在這裡工作薪水還不錯，我只要忍耐就好」等類型。

我認為，這種思考模式，對於在這個社會求生存來說，不失為一種有效的精神治療法，但若問我這種思考模式是否適用於職涯規畫？我的答案絕對是否定的。

或許有些人目前任職於有名的大公司，或者是知名品牌大企業，但是，公司及企業的名氣，不見得能長紅十年甚至二十年。讀到這裡，你可能會覺得「又來了」，但這不是我故技重施，也不是老生常談，而是事實就是如此。

我在這個社會打滾已有二十五年以上了，曾任職過各式各樣的公司，看過各種企業生態，尤其企業的興起與衰退。最現實的例子，是當年我剛出社會，還在找工作時，當時應屆畢業生就職人氣第一名的企業，或是標榜績優股的優良企業，諸如銀行、證券、保險或消費金融相關的各家公司，如今還能叫得出名字的（或是公司沒被併購、還保持原本的名字），已經剩沒幾家了。它們不是消失在時代的洪流，就是被併購，或者以其他各種形式改變營運。

曾經稱霸全球的鋼鐵企業及廣告代理店，其地位已不若以往；製藥企業與電信通訊企業，兩者所擁有的業界版圖截然不同。現今有不少汽車企業需要接受來自外資的資金，也有大型客運公司和大型通路零售公司面臨倒閉危機。

不論曾經是多麼有名的品牌大企業，也難保沒有沒落的一天。尤其在二十世紀末時，應該沒幾個人能想到，名氣非常響亮的知名大企業，如今竟會瀕臨倒閉甚至消失，擁有品牌高知名度的大企業都這樣了，其他中小公司的狀況就更不穩定了。

二十年，聽起來好像很漫長，但若是以美國總統的更迭來說，喬治·布希（George Bush）與巴拉克·歐巴馬（Barack Obama）兩位總統的任期，加起來就已經有十六年了，再加上唐納·川普（Donald Trump），那就有二十年了！這二十年間，不過就是經歷了三位總統的任期交替而已。

現在你認為是超一流的大企業，會不會在喬・拜登（Joe Biden）總統任期結束時，發生意想不到的變化？

你當然可以維持現狀、不採取任何行動，繼續為了如同謎一般的「品牌迷思」，而留在現職。但是，數年後你所待的公司，或者你所堅信的品牌面臨消失危機，你也無須大驚小怪，這本就有可能會發生的事。

不過，一直揣測公司及品牌能活多久、能維持名氣到什麼時候，並沒有意義，就跟你處在當下，卻一直想要去預測明年的天氣預報一樣。

唯一有意義的行動，就是專注在你真正想做、也應該要去做的事情上。

6 太喜歡現在的公司，不一定是好事

能完全接受自己原本的模樣，這種心態我稱之為自我肯定感。

擁有高度自我肯定感的人，據說比較能應付各種挑戰，面對困難時，也能很快找出解決之道。加上這種人很肯定自己優點，所以在觀察他人時，也會特別容易看到他人的優點；如此形成良性循環，擁有高度自我肯定感的人，通常人緣都不錯，也大都能維持良好的人際關係。

這種自我肯定感，與盲目的自戀不一樣。

要我來定義的話，這是指「接納自己的優點及缺點，並且喜愛自己真實的模樣」；盲目的自戀，則是指「將自己的一切全部無條件美化，且偏執的專注於自己的優點」。

這套關於自我肯定與自戀的論點，其實可以應用在很多情境，有助於釐清思維，讓我套用在公司職場來驗證看看吧。

喜歡自己目前的棲身之處，這是最幸福，也是很重要的一點。對於自己目前任職的公司，除了優點之外，連缺點都能坦然接受，並會積極想要改善缺點、讓公司變得更好——公司整體都讓你感受到幸福的話，代表你擁有強大的組織認同感。對自己任職的公司抱持認同感，我認為這是非常良好的心態。

但是，萬一你對其他公司的事情一無所知，就只是單純且固執的認為，自己現任的公司就是最好的，那就是盲目的認同，這非常危險。

首先，盲目認同感的人，在與外界其他人士接觸時，他會毫無理由的貶低其他公司，甚至擺出傲慢態度。

雖然對自己任職的公司感到自豪是件好事，但若一直都用這種盲目的角度來看待公司，反而會讓自己失去成長的機會。加上無條件信從公司的文化、風氣等所有一切，於是視野變得越來越狹隘，結果注意力都放在公司內部，漸漸失去對外界潮流變化的敏感度；到最後，這類人任職的公司可能在市場競爭中慘遭落敗，而戰勝該公司的對手，正是過去他根本看不上眼的企業。

換個角度，在老闆眼中，他們如何看待那些抱持著盲目認同感的員工呢？當下應該會覺得很高興吧，畢竟對自己公司擁有這麼強烈的認同感，又能肯定公司的一切。但是時間一久，這些盲目瞎挺的員工，卻會變成公司推動改革的阻力。

領導者本來該扮演引領改變、推動改革的角色，但是那些瞎挺的員工，同時也是墨守成規、厭惡改變的一群人。於是領導者為了貫徹自己的使命，必須想辦法去改變那些員工，結果導致雙方對立。

我的職涯，曾經多次站在經營者陣營，一同參與了許多推動企業改革的專案企劃。在我的經驗中，那些成為改革阻力的人，多半都對公司抱持著異常強烈的偏見（也可說是一種偏執的愛）。例如，我在ＩＢＭ任職的時期，當時反對改革派就常高呼「別破壞我們的ＩＢＭ」、「還是以前的ＩＢＭ比較好」等言論。我也遇過會去迎合反對改革派的經營者，但下場就是公司上下都沉浸在自己的小小世界，最後一起沉淪。

若你非常喜歡自己任職的公司，也希望讓公司變得更好的話，那麼封閉起來、不看、不聽外界資訊的做法，只會讓你適得其反。

真正對公司抱持高度認同感的員工，其實是可以坦然接納公司的所有好與壞，並且把握住任何可以促進公司改善的機會，勇於面對並採取行動。

多看看外面其他的公司，在心中好好交互評比，這對你所任職的公司也會有正面效益。

7 別把同事當成競爭對手

在這裡，我想要問各位兩個問題：為你的工作表現打分數、做出評價的人是誰？你認為你工作上的競爭對手又是誰？

我想，大多數人都會回答主管，也有其他會回答人事部或公司。而說到工作上的競爭對手，大家腦中浮現的，可能是與自己同時進公司的同期員工，或是同部門彼此競爭升遷機會的同事吧。

這些回答，在某些意義上都是正確答案。但，若是擁有這些想法的人占大多數的話，公司內部很容易引發派系鬥爭，甚至極有可能會變成陋習的溫床，例如小團體互相排擠、扯後腿、造謠爭吵等負面行為越來越多。

我也曾經待過內部盛行各部門互相鬥爭、扯後腿的公司。但我必須說，即便是這種公司，當中還是有風氣與眾不同的清流部門。

清流部門的領導者，對於「給予評價者」及「競爭對手」，從不一樣的角度，做出了不同見解。這些人認為，能夠打分數、給評價的人只有客戶，儘管公司的人事部門基於公司的績效制度，必須在短期內給員工打分數，但中長期來看，來自客戶的評價才是真正能評論員工專業能力的有效佐證。

真正的專業人才，在面對客戶時的工作態度，與面對主管時的工作態度，兩者肯定不同，不能一概而論。另外，同樣的道理，競爭對手其實不在自己公司，而是外部的競爭同業。剝奪你為客戶服務、賺取評價機會的人，從來就不是你的同事，而是同行。

在職業運動的世界裡，先發成員的人數是固定的，而整個團隊的運動員，都必須相互競爭，才能躋身先發名單；但是，企業規模並沒有受到什麼規則限制，只要你的工作成果能獲得越多客戶的好評，想要在公司擁有一席之地，並不是遙不可及的事。

我記得非常清楚，過去當我開始這麼思考，嘗試改變我的想法後，我的工作效率及品質甚至心態，都有了大幅度的提升。然而，我其實花了相當長的時間，不停自我調適，才算是真正改變了自己的思考方式。

畢竟，實際決定你的升遷、獎金、薪水的人是你的現任主管，而大部分的主管是透過比較你與其他同事之間的表現，來決定提拔誰。「為什麼我明明這麼努力了，卻只有那傢伙獨得所有好處呢？」這種不甘心的心情，我體驗過太多次了。

這種時候，我都會反問自己，我也要去抱主管的大腿、拍主管的馬屁嗎？要為了突顯自己，而故意去扯同事的後腿嗎？若是公司允許員工做這些行為，那麼這間公司稱得上是正常的好公司嗎？說到底，我，真的想這樣做嗎？

每一次自我反思後，都加深了我要改變想法的決心。當我想著「只有客人才能給我評價」、「競爭對手是外部的同業同行」，我的行為模式也漸漸產生了變化，同時也感染了我身邊的人，職場氣氛變得積極，我感覺自己工作時的心態，也變得更快樂了。

記得，別把你的注意力浪費在錯誤的對象身上。

8 都幾年了，你還被別人當成菜鳥嗎？

日語中有一個名詞，漢字寫法是「若手」，這個詞有年輕人、年輕一輩的意思。

通常年輕一輩指的是幾歲的人呢？二十多歲算年輕一輩吧？其他呢？順帶一提，成為日本現任首相的岸田文雄，在他的政黨人事名單中，他起用「年輕世代」代表福田達夫，擔任自民黨政調會長一職，但當時福田達夫已經五十四歲了。

過去我所任職的公司被ＩＢＭ併購時，我原本公司內的年輕一輩與ＩＢＭ內部的年輕一輩相比，歲數竟差了十五歲左右，這讓我十分驚訝。在整體年齡組成偏高的ＩＢＭ，我有很長一段時間，都還被當成是資淺的年輕人，公司內活動或是聚餐時，都還會因此獲得不少照顧及優待。但當我四十多歲轉戰新創事業時，我的身分定位突然轉變成資深的人齡前輩，這前後的落差著實讓我非常震撼。

實際上，所謂的年輕一輩，並沒有特別指定某一個年齡層，至少在職場或團體組織中，年輕與否其實都是相對而論，很多時候與真實年齡無關。當你覺得自己被別人當成年輕一輩、新手、菜鳥，有時候單純只是因為你的真實年齡尚輕；有時候可能是稱羨或是對你懷抱期許。當然，有時是對方故意想給你下馬威而已。另一方面，當某位主事者自己講「我們年輕人」怎樣怎樣的時候，有可能是「對於不在自己權限內的事物表達不滿」，但偶爾也會有一點推卸責任的觀感。

若你覺得自己明明早就不是新手、也不年輕了，卻還是被周圍的人當成菜鳥而感到不滿，那有可能是因為你的表現或成長的速度，與外界對你的評價不一致。但我認為你可以將之視為一種契機，讓自己成長。

你應該繼續磨練你的職能，然後交出亮眼的成績單，來提升自己的評價。

透過這樣的良性循環，外界對你的評價，與你所展現的實力就會漸漸一致。從蓄勢待發的新手，到帶領未來的年輕世代，隨著等級的提升，你終將擺脫菜鳥標籤。

但你千萬要注意，不要搞錯你追求的目標。

若你是在商業界裡打拚的上班族，那麼唯有客戶對你的評價，才能決定你的價值。他對你的評估標準是你所提供的服務，而非你的年齡。

若是在目前任職的公司內部，或是所隸屬的部門，你受到惡意低評或實力無法被評估的狀況，我還是要建議你，面對顧客時，盡情展現你的專業價值，讓客戶的評價成為你的助力。

如果你任職的地方是非營利組織，或者隸屬行政總務部門，你也不能忘記工作的服務對象到底是誰。

千萬不要盲目的只追求你在公司中的地位或名聲。

雖然我知道這種誘惑很難避免，過去我也曾身陷迷惘之中，甚至也看過一位前途不可限量的同事，因為急著追求功名而迷失了自己，結果職涯繞了好大一圈，非常辛苦。

唯有等到自己清醒了，才能真正擺脫誘惑，做出正確的抉擇，但急於追求功名而迷失的新手，通常聽不進旁人的意見。

當你讀到本章節，心裡突然產生了一點點不一樣的想法的話，不妨趁這個機會，好好審視一下自己每一天的行動吧。

9 雖然繞了點遠路，我終究還是升遷了

在一個企業組織中工作，職稱（職位）對於一個上班族來說很重要。

大多數的企業組織，職稱與其所要背負的責任及權限是相等的，若想要挑戰更有趣的工作內容，努力晉升到握有高度權限的高層職位，也是一條捷徑。

但是，能否晉升高位，企業組織需要透過層層決策，才能做出決定，並非你一廂情願的努力就能達成。在這樣的條件下，當你思考職涯時，就要好好整理自己的心情與想法。

我在職涯的某段時期（說是某段，其實占了一大半），曾經非常想要趕快晉升高位，而日以繼夜的努力工作。但是，公司所訂定的目標，與我自身想要追求的往往不一致。我也曾經遇過，明明我已經連續好幾年，都有達成五

〇〇％，甚至六〇〇％的業績數字，公司卻因為一些讓我無法接受的理由，將我從晉升名單中剔除，反而是與公司想要強推的產品或服務有關的人，優先獲得升遷。

若只是追求升遷的話，確實應該拋棄自己信奉的原則或觀念，以公司的要求為優先，做出讓公司認可的成果。偏偏當時的我怎麼樣就是不願屈服，也無法將自己的意見說出口（基於職場倫理，所以當時的我無能為力，但現在的我就敢大聲說了）。

當時有好幾次我都覺得自己快要不行了，開始認真思考是否要離職。不過，想到自己在三十歲以前換過好多份工作、待過那麼多不同的公司，原本就下定決心，四十歲以前要在一間公司好好做久，不再輕易換工作。於是，我還是決定留下來了。

長時間一直都在同樣的職位擔任同樣的職務，會發生什麼事情？簡單說，就是工作內容會變得越來越輕鬆。原本需要八小時才能完成的工作，漸漸會變成只要花六小時；過了一年，可能會縮短成只要五小時。這是理所當然的，除了熟能生巧，你的職能也會隨著時間一直增強，但每天要做的卻是相同的工作內容。

毫不誇張的說，那時的我，往往新的年度才剛開始，我就已經預見我應該第一個月就可以達成年度目標。所以我決定要開始**有效利用多出來的時間**。就是在這個時期，我開始去攻讀ＭＢＡ、挑戰寫作。由於我還是很喜歡這家公司，因此也開始承辦擔任社內研修的講師，以及規畫社內活動等內部工作。

就這樣，我獲得了超出我原本工作所需的其他專業技能，也建立起屬於我自己的外部人脈網絡。總而言之，我在工作上的表現變得更有品質了。

儘管我始終無法認同我原本職位所要負責的本業主旨，但因為我已經具備升等的各種條件，最後公司還是接受了我所提出的晉升申請，畢竟公司已經無法忽視我所擁有的資格與能力了。

想要升遷、晉升高位，最快的路，就是乖乖照公司的意思做事。但若你像我一樣，說什麼就是沒辦法完全照公司的意思去做，那我會建議不如**留在現職**，然後**將你的從容（多餘的時間）發揮在其他更有意義的地方**。

但是，若你一直沒有升遷，但你所要負責的工作，以及公司對你的要求越來越多、多到根本超出你目前的職等，這種時候你應該主動與公司的負責窗口談一談，或者考慮跳槽、轉職、另謀出路。

10 抱怨「老鳥根本叫不動」，這是誰的問題

大約從二〇一八年開始流行ＤＸ（Digital transformation）一詞，而它所帶起的風潮，同時也改變了社會。

ＤＸ是指數位轉型。我也是這股社會改革潮流下的受益者，我現在所經營的公司，其主要業務是協助企業數位轉型。

因為工作的關係，我經常參加與數位轉型相關的座談會及研討會，當中我最常聽到與會者提到這類怨言：「公司老闆根本不懂什麼是數位轉型，害我無法著手改革。」這句怨言，其實一半正確、一半不正確。儘管老闆（經營者）確實占了大半問題，但是另外一半問題，往往就是這種只會抱怨的人。

若你進一步問這類人：「那該採取什麼對策才好？」或是「為了要讓老闆

理解數位轉型，你做了什麼努力？」對方通常啞口無言，或是支支吾吾說不出個所以然。

想要將一切都怪罪於某人時，最好的靶子，就是公司內的資深職員或老闆。光是聽他們說話就不難想像，他們肯定就是刻板印象中，那種保守又頑固的老派分子，因此把責任都推到他們頭上準沒錯。這就是所謂的「無意識偏見」（Unconscious Bias）。

「老闆根本不懂○○」是普遍常見的問題。○○可以替換成很多名詞，例如ＡＩ、雲端；若是把時間倒轉回到上一個世代，○○可能是智慧型手機、行動裝置、電腦、網路等。

有意思的是，當初那些站在第一線指責「老鳥根本叫不動」的人們，時隔十五年之後，現在也都位居公司中的要職，甚至有人還成了經營者的一員，同時也變成被下一代指責的對象。

過去當我負責主導企業改革企劃時，在我背後給我力量、協助我大力推動的，正是經營者本人，以及意識到公司弊病的第一線資深員工們。而用盡全力反抗、不願接受改革的人，通常都是各個階層的既得利益者。

時至今日，現在我依然受到七十歲的老前輩所給予的建言、幫助，一起協助推動各種改善企劃；而在改革的浪潮中，也不乏有出生於平成年代（按：一九八九年一月八日至二〇一九年四月三十日）的青壯年人士總是反對、奮力抵抗。

我敢斷言，**改革派與保守派**，雙方人數大約一半一半，並且**與年齡及地位毫無相關**。

想要讓改革順利，善用資深老手的智慧是最有效的方法。若是陷入無意識偏見或歧視的迷思，擅自認為資深老手就是反抗勢力的話，反而會聽不進旁人的建議，錯失了汲取前人智慧的機會，得不償失。

現在那些頗具規模的成功新創事業的創業者們，想要推行新的政策或做法時，他們很清楚，必須與既存勢力好好配合，才是邁向成功的捷徑。毫無計畫的採取正面衝突，只會自取滅亡。

由我擔任營運總監董事的 Aidemy 股份有限公司，目前的公司代表是石川先生，年紀比我小了將近二十歲，而他身邊的所有主管職，每一位都比他年長。在外人看來，大概會覺得他肯定吃了不少苦頭，但我認為，適度做出妥協，並領導管理階層、維持平衡，是一件很重要的事情。

當你已經出社會十年，我想應該也會開始想自己創業，或是成為企業的高階主管等，此時除了要避免先入為主的刻板印象之外，**遇到困難時，不要輕易將責任推卸給資深老手或老闆、經營高層**；若自己就是主事者，那就拿出主事者應有的姿態，就事論事，才是成熟的社會人士該有的態度。

11 上面的人離職了，你的機會就來了

一家正常的公司，需要保持一定程度的離職率，才能確保公司有一定的刺激，但若是一家公司的離職率高得離譜，很有可能是內部出了很大的問題。有可能是營運方針有了非常大的變動，或是管理階層與經營者的意見相左。

一旦公司出現主管們的離職潮，底下的員工也會受到影響。例如員工對公司的信心產生動搖，而已經擁有十年年資、正好是小組長、小主管階級或資深前輩的你，可能也會因此被迫接手一些突如其來的工作。面對這種狀況，通常會有兩種對應方式：積極面對與消極面對。

首先我們來談談積極面對。具體來說，就是將眼前的狀況視為機會，並積極採取行動，例如，主動提出自願處理主管離職後留下的工作與空缺。當沒有

主管的時候，就是部屬大幅成長與發揮的時機。

以往是天塌下來都還有主管頂著，沒有了主管，部屬就必須自己出來面對。在這種狀況下，內心的壓力與責任感會瞬間大幅增加，但同時也是讓自己最快成長的好機會，同時也可以讓自己更自律。

但是，如果優秀的管理階層辭職的理由，是與高層或老闆之間有衝突（或其他更嚴重的問題），那情況就完全不同了。如果是這種狀況，就算你積極主動提出建言，高層或老闆極有可能聽不進去。此時，選擇消極面對，也是一條出路。

所謂的消極面對，就是**脫離戰場，不蹚渾水**。

我必須很遺憾的說，並不是所有的辛苦與付出都能有好結果。尤其為了改變不怎麼優秀的高層或老闆的想法與行動，其所付出的辛勞，基本上都是徒勞無功。

我也曾經主動申請調動職務、故意參與遠方異地的其他專案，只為了避免與某個特定人士接觸；總之，為了不蹚渾水，我也下了不少工夫，甚至，為了表明心志，我還祭出了最終手段——自請離職。

以終身僱用為前提的傳統日系企業，因為整體體制就是公司不會主動開除員工，因此內部反而會充斥著更多的蓄意刁難、語言暴力、職場霸凌等問題。如果底下的人一直出走，就像是在無聲的宣示，「這家公司沒有待下去的價值」，面對如此狀況，高層或老闆不可能視而不見吧。

將忍耐或做白工視為美德的觀念，已經過時了。

12 主管與後輩意見衝突，怎麼化解？

若是主管造成了你工作上的不便，或許可以視為是鍛鍊自己、讓自己成長，此時你無須顧慮太多，做好你應做的工作就是了。注意，這裡應做的工作，指的是以客戶的需求為基準，而不是公司內部中的上下關係。

若是客戶與主管對你的評價一致，這是最理想的狀況，但若相反的話，因為要優先改善客戶提出的回饋，主管的回饋反而成了阻力。

只不過，員工畢竟還是企業中的一分子，難免還是會在意人事考核，能獲得好評固然令人欣喜，考核結果也會直接影響薪資收入與升遷。但是，以我的經驗來說，當我開始不去在意人事考核之後，我才終於覺得工作變有趣了。

若你總是對人事考核耿耿於懷，心思都放在要聽誰的話、要以誰的命令為優先，業績表現是絕不會有起色。無法全心全意服務客戶，工作表現也會變得不上不下，到最後你會越來越搞不懂自己到底為了什麼工作。當我全心全意以服務客戶為優先後，我的考核甚至比以前好。

我觀察周圍擁有傑出業績表現、工作評價優秀的人才，發現他們的心態與做法也跟我一樣：全心全意為客戶服務、不是很在意評價。他們深知，只要提供給客戶高品質的服務，就能獲得高度好評。

站在打分數的人的立場，一個在工作上錙銖必較、凡事都在斤斤計較會不會影響考核的員工，與一個心無旁騖、集中注意力專注為客戶服務，兩相比較之下，當然是後者的分數比較高。有人為了要在每一次考核都能獲得好評價、好分數，結果反而迷失了自己。

當你已經是邁入職場十年的老鳥，你不應該再凡事都以主管的意思為主，**加強與部屬及後輩的溝通**才是重點。

當然，如此自己就會變成主管與後輩之間的夾心餅乾，被上下壓力夾擊，這種時候，我還是要提醒你，一切都要以客戶為優先。

當部屬或後輩與主管的意見有衝突時，這個時候就要**站在客戶的立場，去思考什麼樣的服務，對客戶最有貢獻度、最能讓客戶滿意**，然後採用能滿足客戶的選項。然而身處衝突之中時，不管怎麼抉擇，肯定會有一方不開心，甚至遷怒於你；但也正因為如此，更應該要將個人的情緒放一邊，公正客觀的達成目標。

這些衝突如果是對方為自己的利益，或是因為政治因素所採取的行動，那你應該要全力阻止，這時也需要你排除個人情緒，客觀判斷。

如果你能控制好情緒，客觀審視任何狀況，而且最後都能達成目標，那我相信，最終你一定可以擁有一個很棒的工作團隊。最糟糕的情況，是你衝動且情緒化，甚至個人情感凌駕於工作之上，這麼做是絕不可能得到好評價。

第四章

我不想當主管，但公司還是升了我

1

領導不需要頭銜

「我不想當主管。」有些人在碰到升遷機會時，大概會有這種反應。

我在很多場合聽過很多人談論類似這樣的案例，幾乎三不五時就會變成聊天的題材之一。與其說這是社會上、職場上的未解之難題，倒不如說這是一個相當值得探討的話題。

若你進一步詢問那些不想當主管的人的理由，答案通常是「當了主管，就會變成高層與基層之間的夾心餅乾，太痛苦了」，或「當主管只會越來越忙，公司還不給加班費」這類，基本上都是針對管理職缺的沉重負擔，以及職務重任。另外一種理由是「我不適合管理別人啦」、「我沒興趣當主管」。

首先，我想來談談管理者（Manager）與領導者（Leader）這兩個很常被搞混、甚至可以說是被混用的名詞。

在分類上，管理與領導的性質其實完全不一樣。這兩者所具備的能力及條件各異，適合發揮所長的層面也不同，就連培養的方向與基準都有所差異。至於為什麼經常被混用，我想是因為很多人都希望，自己能身兼這兩種能力。

我用我的方式來簡單做個區分：

管理者：須背負企業整體的業務責任，同時可運用人事權限，及考核權限來進行人員管理。最重要的任務，就是善用職權來使員工達成工作目標，維持公司良好運作。

領導者：明確下達工作指令與策略方向的人。在團體中經常扮演意見領袖，擁有良好的領導能力，能讓他人願意追隨。不一定是組織中的高層。

從這樣的觀點來看，不想當火心餅乾以及沒有加班費，這兩點應該屬於管理者的範疇，也就是指課長、部長這種職位。

這類職位的升遷原則，有些比較傳統老派的企業，是以資歷或年齡來決定，甚至有些還會看性別，總之都是與工作能力無關的因素。用這種方式來決定升遷，難怪在多數人眼中，這些職位都毫無吸引力。

另一方面，領導者需要具備領導能力、意見領袖這方面的特質，是需要能帶領團隊行動的職務。其實在日常生活中，每個人或多或少都曾當過！

例如，中午外出用餐的時候，有個人會跳出來說：「要不要吃這家店？我看它在美食網站上的評分很高喔。」僅僅用一句話就展現出領導特質。在工作場合，若你向其他部門的窗口，主動提出：「我想向我負責的客戶，推薦貴部門的產品，可以與您們談談細節嗎？」這也是一種領導特質的展現。

不只是去做自己想做的事，還能影響周遭的人願意追隨你，與你一起去完成目標，這就是標準的領導能力。

這樣一想，不難發現其實**絕大部分的工作，都需要主事者發揮領導能力，才能順利進行**。其實你在日常生活中，就已經在發揮你的領導特質。

企業組織上的管理者與業務執行面的領導者，兩者截然不同。其實每個人都具備領導能力，也應該要精進，因為所有的工作，都需要靠領導能力才能順利推進。

現在，你有沒有恍然大悟、豁然開朗的感覺呢？

2 從被人管變成管人，你得換位思考

在職場上，一直活耀在第一線且做出成績、留下優秀紀錄的人，漸漸的會讓他周圍的人，對他產生一股期待——期望他能成為管理職。

其實差不多在開始工作的第五年，就會有徵兆，而大多數的人在出社會第十年左右，就會面臨這些來自外界的期待。雖說是期待，但也不否認這有時是一種壓力。

為什麼會有壓力呢？我最常聽到的原因是：「儘管我一直努力表現至今，但坦白說，現在的我已經不比十年前了；我現在光是要維持水準，就已經卯足全力，實在沒有多餘的心力，去迎合他人的期待，更遑論擔任管理職。」而這種時候，我都建議他們：「你應該去挑戰一次管理職，試試看也無妨。」

我要先說明，所謂的管理職，只是一個角色代稱，絕對不是用來判定任何人的價值基準。說得更直接點，從來就沒有誰因為升上管理職，所以就突然變得很偉大，你不需要因為成為管理職，就強迫自己非要表現得比其他人優秀，你只需要貫徹管理職的任務及責任即可。當然，我這不是在說管理職只要做好分內之事、不用太認真的意思。

如果，你成為了一個團隊的管理者，你的使命就是「達成團隊目標」。因此管理者需要為每一個組員設定個人目標，並且管理進度，中途不管發生什麼困難或問題，管理者也有責任為大家排除或解決。

在這樣的過程中，你看待事情的角度將會有一百八十度大轉變。最明顯的就是被動與主動的差異，從被人管變成管人；從提出報告的人，變成聽取報告的人；從找人商量，變成別人來找你商量。

原本只會抱怨、宣洩不滿的人，一旦成了管理職，他們會想到：「啊，原來我之前給主管添了這麼多麻煩……。」而管理職經常被認為是站在公司那邊的人，有時候需要向員工說明公司旨意，甚至還必須考量主管或公司的立場，可說是有大量的機會，讓自己親身體驗何謂換位思考。因為扮演了不同的角色，而得以從不同的視角來思考及行動，這是非常寶貴的經驗，也能充實自己的職涯。

再更進一步來談，如果你負責的客戶並非個人，而是企業的話，你所面對的窗口，幾乎是擁有一定程度決策權的人，這類的人通常都是該企業公司裡的管理階層，甚至很有可能就是老闆。

這些人所面臨的煩惱及課題，若你只是個毫無管理經驗的業務，你肯定無法了解；但當你也經歷過管理職，你就能理解他們的思維，為客戶提供的服務及品質，才能深得客戶的心，你的業績自然也會有亮眼的成果。

過去你可能對公司的中期經營計畫，或是老闆的策略方針有聽沒有懂，但當你擁有管理職的經驗後，想必你會清楚許多。

成為管理職的好處真的很多，你不應該再找理由拒絕。就算挑戰失敗，也只是恢復成團隊中的一分子的角色罷了。記得我在前面說過的話嗎？管理職只是一個職稱，即便卸下職位，你還是可以好好運用得到的經驗在工作上。

只不過是角色的轉換而已，沒有什麼地位高下之分，無須鑽牛角尖。為了你自己的成長與職涯，放開心胸去挑戰看看吧。

3

部屬願意聽我的嗎？新手主管的煩惱

如果有一天突然被告知，「你從今天開始擔任經理」，我想你應該會感到不知所措。畢竟，以往都是以部屬身分與經理相處，要說親近也沒多親近，甚至心裡還會有「這個經理也太討人厭」、「要是我的話，我就會這樣這樣做」等批評。

但是，一旦自己成為管理職，突然間就需要考慮到許多事。該從什麼地方與什麼方式著手改善比較好？組員們能跟得上嗎？他們會願意聽我的嗎？如何才能讓團隊達成整體目標……不勝枚舉。

在心理建設這方面，我建議你不妨試著這樣想：「光是日本，就不知道有過幾百萬，甚至幾千萬名擔任過管理職的人；所以這個職位其實一點也不特別，更不是什麼高難度工作。」

日本總共約有四百萬間公司，即便縮小範圍至上市企業，也有將近四千位老闆。光是老闆就有這麼多人，其底下的管理職職員只會更多，也就是說，管理職的工作一點也不特別，只要習慣、上手了，任誰都可以做得來。

如何，這樣一想，應該讓你輕鬆了不少吧。

經理也好、主管也好，管理職的任務就是帶領團隊，完成公司定下的業務目標。與此同時，還必須考量一個要點，就是培訓組員。這裡的培訓，並不是指著重於可以快速（本週、本月、上半年、本年度）達成公司目標的那種速成功力，而是指長期、持續性的職能成長。因此，不顧一切壓榨組員、逼迫組員完成業務績效，肯定不會是好方法。身為管理職，在採取行動的同時，也不能忘記要對組員未來的成長進行投資。

雖說是培育，但最近在職場上也很常見比自己年長的部屬。有些人和我說年長的部屬很難用、在團隊中的角色定位不清，甚至有些人還會擔任本身從未接觸過、毫無經驗的職務。

至於我對於培育的想法是，「就算沒有我，這個團隊還是能順利運作」。從我就任經營管理者的位置開始，我一直在想：「旗下同仁裡，有沒有誰能成為我的繼任者呢？」同時我也是以這樣的角度，來看待每一位同仁。

尤其這十年來，我的團隊經常需要建立層級。當我需要在自己負責營運的公司中，指派人員擔任管理職時，我會優先考慮被我列入繼任者名單內的人。

若是出現主動爭取擔任管理職的成員，我也會要求他們，必須時常在腦海中想像，你的繼任者要是什麼樣子？這麼做，可以促使成員及組織往更好的方向成長。然後，當我實現這個目標時，我的公司已經壯大，也會生出更多的職等與職缺。這樣做，你原本的位置就可以託付給你信任的後進，自己則可以無後顧之憂的把握更上一層樓的機會。

不過，我也遇過有些管理者，會將部屬當成競爭對手般仇視，甚至嫉妒部屬的工作；他們不只會從中作梗，還會做出很多不理智且莫名其妙的舉動。這種類型的人器量狹小，他們的存在會妨礙組織成長。就我來說，我當然不會想要一個麻煩製造者，來擔任團隊裡的管理職。

有句成語叫青出於藍，當你能發自內心的說出「就算沒有我也沒問題」這句話時，你才會有更多的餘裕與從容，去發現每個成員的優點。

最後，當所有團隊達成業務目標、自己也獲得升遷或大展身手的良機，整個組織就有了良好的循環。

4

說服力不會從天而降，得這樣培養

當你已經擁有十年左右的資歷，你會開始指導後進、為後輩設定目標等任務；若你是團隊領導者，則需要安排團隊的方向。這些工作，聽起來好像很不容易。

會產生這種感覺，是因為一直以來，大家在職場上就是聽公司的命令、完成公司指派的工作就好，完全不需要主動思考，也不容許提出疑問。

話說回來，其實公司提出的要求，很多都是單方面的，當中有些部分，客觀來說相當不合理，而身為一個團隊的領導者，你或許會很為難。尤其當你明知，你的組員絕對不會服氣不合理的要求，但要你反過來向上反映，你卻又有諸多顧慮而欲言又止。

就算你鼓起勇氣，向大家表示「這就是公司的願景！」但實際又有多少人能聽得進去，又願意配合呢？坦白說，其實你自己也沒有多少信心。

平成初期，差不多也是我進入當時任職公司的第十年，那時我並沒有這類煩惱，因為就算心裡開始質疑，也會被下列幾句話給擊沉：「公司本來就是個不講道理的地方啊」、「忍耐然後默默努力，才叫美德」、「有閒工夫去想什麼職涯或自我實現那些鬼東西，不如快去工作」。

一旦冠上前輩、部門主管、副課長等頭銜，人莫名的就會有一種權威感，此時再站出來隨便提出建議，底下組員大都也是默默聽話。

在當時，只要頂著前輩的光環，隨意提出了關於業務工作的方向規畫，也沒有人會問：「請問這是為什麼呢？」或「照您說的內容，請問我們能夠得到什麼樣的優勢？」這類問題。我想，就算有人問，大概多半會被怒斥：「別問那麼多，照做就是了！」、「這是部長的指示！你們聽話就對了！」後續也就不了了之。但是，現在的團隊領導，若還是採用這種應對方式，除了造成反效果，還會有許多人大力反彈。

如今與我當年的時空背景已大不相同，Y世代（按：指一九八〇年代和一九九〇年代出生的人）正在逐漸遠離社會的中心，更年輕的Z世代（按：指在一九九〇年代末至二〇一〇年代前期出生的人）已取而代之；現今的日本社會，也變得更加追求事物的意義與目的（purpose）。

「我們團隊應該採取這個做法！」、「這個就是我們的目標！」這些口號其實都沒有依據，也就不具備說服力，就算你每天在公司多麼努力埋頭苦幹，也還是無法找到解決之道。

哪裡才能找到具說服力的來源？答案是公司外面。換句話說，就是利用各種不同的場合與機會，多多與客戶甚至其他同行業者，還有同世代的人交流，建立起你在公司外的社交情報網。再具體一點，就是**不要只跟同公司的人交流**，更重要的是，**多和公司外的人士往來**。讓自己隨時更新情報。

看到這裡，你或許會說：「就這樣？」但我認真建議，你就身體力行試試看吧。

自賣自誇說服不了底下的人、每天把注意力聚焦在公司內部，也變不出新花樣；但是當你打開腦中的大線，與外界有了交流之後，你會開始誕生很多靈感，對於自家組織的意義、目標、未來方向等，都會越來越有想法。

最重要的是，和部屬分享你獲得的情報。例如：「本公司最重要的主力客戶為××公司」、「以二十歲到三十四歲的女性為主要客戶階層」，以這樣明確的說法當開頭，再以「因此，這套新的做法，可以有效協助我們實現目標」，這類的句子來做結尾。又例如：「關於本公司所處的業界環境」、「我們的競爭對手Ａ公司，面對業界環境變遷採取了這樣的對應方式」同樣以清楚易懂的講法來開頭，結尾也要明確說出目標與效益：「因此這麼做，就能有效提升我們的ＫＰＩ（關鍵績效指標）」。

當你擁有可靠的消息來源支持你的論點，同時也能明確說出可預期的效益與目標，如此，你所傳達的事項，就有了說服力，自然能帶領團隊動起來。

只聚焦在自己的公司內部，容易陷入盲點與瓶頸，我建議第一步就是跳脫公司的框架，多看看外面的世界、聽聽外部人士的聲音，從中挖掘靈感吧。

5 我以前可以做到，為什麼現在的部屬不行？

當我與某些管理職經驗尚淺的人士交談時，他們很常向我抱怨，「底下成員總是無法照我的意思來行動」，或是「這點程度的小事，明明一般人都可以獨立完成，為什麼我底下的成員都做不到？我不懂」。

有這問題很正常。畢竟主管與部屬、領導者與成員之間的相處模式，以及職場人際往來的關係，都是建立在每個人的過往經驗上。若你擔任管理職的時間還不長，例如新手經理或新手主管，那麼只能慢慢摸索，累積經驗之後你自然會知道如何應對。即便是現在，仍然有許多老練的管理職，在這條路上磕磕絆絆，你無須太過在意。

面對這段過渡期的煩惱，在這裡我提供兩個思考上的重點，給大家參考。

首先，釐清每位成員的處境與上手程度。舉例來說，一切都讓成員自由發揮的「放牛吃草型主管」，與看到什麼都要管的「意見多多型主管」，你覺得部屬分別對這兩種主管，會有什麼樣的想法？大多數人可能會回答：「這個因人而異啦。」

沒錯，確實因人而異。正確來說，每個人在不同的年齡階段，還有自身累積的經驗程度都不同，對於自己喜歡的主管管理方式，其實也一直在變。比如，一個新進職員剛加入你的團隊，他可能連公司環境都還搞不清楚，但身為主管的你卻丟下一句「交給你囉」，然後放生他，新人應該會很不知所措。像這種時候，新人菜鳥反而會很希望主管能多給一點意見或指示，例如「你怎麼安排今天的工作進度？」，或是「你知道郵件收件人的排序要注意什麼嗎？」這類針對細節的指導及確認。

另一方面，假如今天是一個對於自己分內工作，都已經很熟悉的成員，那麼，他應該很希望主管能適度的讓他發揮。當然啦，若是等到出了什麼問題，或發生緊急事態的時候才讓他自由發揮，那就為時已晚了。為了避免發生這種慘劇，主管也必須好好掌握整體狀況，並隨時思考該如何應對處理。

第一個思考上的重點，就是「掌握對方對於工作的上手程度」。**依據每位成員的狀態以及熟悉度之不同，主管所能給予的自由空間也會不一樣**。判斷的基準不是你擅長不擅長、熟悉或陌生，而是要以對方的狀況來做考量。

第二個思考上的重點，就是「溝通方式」。具體來說，就是要訴諸理性，還是訴諸感性。對方的個性偏理性還是感性？公司的風氣是講理，還是講情？必須先好好判斷，才能找到最合適的溝通方式。

比較新穎的企業或外商，尤其內部成員以工程師占多數的公司，通常屬於講理派。若是沒有可信賴的理論或事實證據、資料數據等佐證，不管你說什麼，都起不了效果。反之，作風傳統的企業則多是講情派，習慣訴諸感性；遇到任何事情，都靠人情義理來解決。如果你本身是個重情感的人，那你在這種環境，應該能如魚得水。

事實上，這種分類方式並不侷限於企業，人的個性也是如此。對重情的人或企業一直講道理，想用理來壓制對方，只會讓對方越來越抗拒。反之，在一個講理至上的環境中，一直想用人情來當成溝通工具，很有可能不被當成一回事，結果反而出糗、貽笑大方。

當雙方的個性及思維恰恰相反，卻又都只堅持自己那套溝通方式，自然每次溝通都無法達成目的，雙方之間的嫌隙只會日漸加深。先試著去理解對方的成長背景及個性，判斷對方是講理派，還是講情派，才能決定你所能使用的武器是邏輯或感情。試著配合對方來改變自己的用字遣詞吧。

「掌握對方的上手程度」，及「感性與理性之間的平衡」，用對方聽得懂的方式溝通，即使是新手主管，也能順利掌管團隊。

6 有人堅持下班後絕對不接電話，你能接受嗎？

在很多人的努力之下，多元與包容（Diversity & Inclusion）這兩個名詞，已經不再是陌生的詞彙。尤其經常會與全球各企業接觸的產業，都能認同「廣納多元視角」，及「結合共融的心胸」這樣的新觀念。

另一方面，由於日本企業自古以來，是在同儕壓力之下發展組織文化，背負著傳統包袱，許多既定的老觀念難以撼動。包括我自己成立的公司，明明是新創事業，卻也會一個不小心，就走上傳統老路。事實上，至今仍然有不少公司保有傳統的同儕文化壓力，未見改變。

我知道有非常多的上班族們，都在尊重多樣性與同儕壓力的恐怖漩渦中拚命求生存，因為我也是其中一分子。

我推算一下，正值社會中堅分子的人，差不多進入社會也有十年左右；這個世代的人應該都已經可以接納多元化社會的概念了，而下一個世代的人，更是從小就具備了多元化社會的觀念，未來他們也會崛起，成為社會的主流。

儘管整個社會與職場環境，都已經大力鼓吹要從同儕壓力文化，轉換成尊重多樣性的多元共融文化的氛圍，但還是有令人感到困擾的一點，那就是我們的上一個世代，並沒有經歷過這種變化。

在我所處的同溫層中，撫養子女及孝親長照需要有社會體系的支持、職務分配不應有性別歧視、不應抱持先入為主或刻板印象的思維……這些觀念都已經非常成熟，我身邊的人也幾乎能以正確的心態來看待。

但是落實到職場上時，這些觀念的應用時機，卻經常令我感到混亂與疑惑。最近就發生在我身上，雖然只是輕微的價值觀衝突，但仍讓我很煩惱，有位同事堅持：「我絕對不要打電話，這年頭還打電話也太過時了吧，而且這是變相在剝奪對方的時間啊。」也有同事堅持：「我是不會在週末處理公事喔，工作與私生活，我可是分得很清楚。」

我完全尊重這些價值觀。但是，當你與客戶之間產生了誤會，甚至已經給顧客造成了麻煩，這種時候還堅持不打電話，寧可慢慢傳郵件，這樣的判斷是對的嗎？若是你的工程師同事，無視公司系統在假日突然故障當機，堅持「週末別打電話來，我不處理公事」，你認為這樣的人在工作團隊之中，算得上善盡職責嗎？

我想你應該有注意到，這些例子乍看之下是尊重多元化社會，但其實早就偏離多元與包容這個理念。該理念所追求的，是「透過尊重各種不同的價值觀，來吸引更多人才，並且提供平等的工作機會」，以及「藉著認識各種不同的價值觀，以創造更多商機，為客戶提供更多元的服務」。若是捨棄這些初衷，就只會變成是以尊重多元與包容之名，行自私自利之實而已。

像我前面提到的例子，若是真的照那些人的堅持，就會變成另外一個倒楣鬼，必須去接聽客訴電話；另外一個苦命工程師，必須在假日特地去公司維修系統。

若你身為一家企業組織的管理職，當你無法判斷眼前的狀況，究竟是尊重多元共融，還是善盡職責的時候，你應該先回到企業組織的理念，以及身為一個社會人士，應該具備何種常識價值觀。如此，你應該就能判斷出，何者值得你尊重，何者只是單純的詭辯。

7 如何讓員工願意學？你要先做給他看

我在本書中提過不只一次，未來是百歲人生的時代。每個人可以工作的時間將會變得更長，屆時我們都必須面對學無止境這件事情。專業技術、社會新知、工作技能、風險評估等各方面都需要重新學習，也就是所謂的「回流教育」（Recurrent Education）。

我們一直到十八歲或二十二歲為止，都不斷接受教育與學習，出社會，憑靠著過往所學及經驗的累積，面對職涯上的各種難關，一路走到屆齡退休。

現今的屆齡退休是六十五歲，但若未來不再有屆齡退休的限制，不管到了幾歲都可以繼續工作，那麼，當你六十歲或七十歲的時候，你應該會需要透過回流教育，來協助你延續自己的職涯。也因為這樣的環境背景，現在的社會人士教育機構相當興盛，在職研究所或在職專班、資格鑑定考試補習班等成人教育市場越來越發達。

儘管有越來越多人明白，投資自己以展望未來的重要性，但不可否認，仍然有許多人不是很在意「活到老、學到老」。想辦法讓這類型的人明白學習的重要，不只是對他們自己的職涯有益，對於企業組織來說，也非常有利。

不過，誠如我在前面章節所述，在現今這個重視多樣性的時代，若你只會用強硬的態度，要求別人「少囉嗦！去學就對了！」極有可能造成反效果。

雖然大家都討厭他人強迫灌輸價值觀給自己，但很多時候，當自己也試著挑戰、體驗之後，才發現也沒想像中排斥，我想每個人在人生中，應該或多或少都有類似經驗吧。

我也是，不知道是不是因為我故鄉的人們都不愛吃納豆，導致我曾經也很討厭吃，再加上納豆從來不會出現在我家的餐桌上。

當時學校的營養午餐，納豆大概一年才會出現一次，此時大家都會把自己的納豆，推給班上極少數喜歡的同學（大概才兩、三人吧），於是就會看到那幾位同學的桌面上，堆了像小山般高的納豆。但是，等我到東京上大學之後，那時大學游泳社的學長，每天都逼我吃納豆，在了解到納豆的營養及好處之後，我現在也變得喜歡吃了。

想要傳達學習的重要性與價值，與其用強硬的態度，不如自己率先示範。自己身體力行、展現良好的學習態度，並且累積自己的職涯實力，腳踏實地做出成效之後，自然也會影響周遭的人們。

我的祖父當年以七十歲高齡獲得博士學位，當時我還是個國中生，看到祖父每天忙著研讀研究所的論文，他那認真攻讀博士學位的身影，不只影響了祖父的友人，也深深影響了我。

當你想要傳達或宣揚自己的想法、價值觀時，自己率先身體力行示範，是最有效的方式。不過，硬要我挑毛病的話，我發現有很多人都是有目的的去學習，然後在不知不覺中，變成為學習而學習的機器。

當然，我們都希望自己的學習能帶來成果或好處，但若滿腦子想著「我是為了要做出實績才來學習」，就本末倒置。這時就會讓我想起《論語》的「學而不思則罔，思而不學則殆」這句話。

活到老、學到老，學海無涯。與此同時，也別忘了自我思考與實踐。

8

員工表現差，很可能是因為放錯地方

團隊工作時，能讓團隊朝著目標邁進，並且順利照著進度完成工作的人，才會被稱讚工作做得好。這裡指的工作做得好，並不一定是指能力，重點在於能成為團隊的助力、讓工作順利完成的能力。

經常聽到工作能力強的人，大都不好相處，或是企圖心旺盛，容易引發衝突等負面評價。若是這樣的人在團隊之中，總是帶來負面影響，讓團隊難以順利達成目標，就算他的能力再強，還是會被說成是工作做不好的人。同樣的標準，就算團隊的氣氛再好，但無法完成自己的工作，導致扯了整個團隊後腿的人，也是工作做不好的人。

順帶一提，我剛出社會時，經常被別人說「個性好相處，但工作都做不出成果」；過了一段時日之後，我又被評「太過激進，周圍很難跟上」。

但我很幸運，總能遇到指引我的前輩或主管。剛出社會時，有人會不停鼓勵我、要我有自信，甚至大力督促我往前衝；而當我真的全力衝刺的時候，也有人時而在旁邊鼓舞我，時而勸我停下來想一想。

究竟是要多鼓勵部屬、讓部屬成長？還是不要輕易稱讚部屬？這點眾說紛紜。但是現實中，人有百百種，實際做法因人而異，不可能只傾向一方。因此結論就是，必須依據當事人的個性與過往經歷、職能及工作內容的上手度、職場環境等多種條件進行綜合評估，才能判斷什麼辦法最適合，例如，面對沒有自信的人，就用激勵法給予他信心；而得意忘形的人，就要適度點醒他，教他學會看清周遭狀況。

職場是殘酷的，有些人是不管我付出多少努力，就是扶不起來，每一次當我遇到這類型的人，都很煩惱。這時我會試著轉換思維，我會改成思考這個人的中長期職涯，將眼光放長遠來評估。

改變思考角度之後，我試著在腦內模擬各種情境，然後就浮現了下列的疑問：「這個人在現在這個狀態下，待在這個環境真的好嗎？」從這個問題再往下延伸，就會去思考：「如果不待在這裡，那麼哪裡才能讓他有所發揮？」像我這樣進一步去思考他人的職涯規畫後，甚至安排對方轉職或調職；有時我會聽到殘忍、不近人情，或不負責任等批判，但真的是如此嗎？

日本企業這數十年來所採取的做法，就是把一個人一直留在同一家公司，等到他年歲漸長，精神與體力開始衰退，差不多到了五十歲左右，公司不是將他調去關係企業底下，就是將他流放到聽話又好監控的外部業者底下。就算沒調去外部，留在公司內，大概也是貶成員工餐廳的櫃檯接待人員，這樣難道就不殘忍嗎？

我認為應該要趁自己年紀還不大、精神與體力都還有餘裕時，儘可能擴充自己的職涯選項。不要只侷限在公司內，其他公司甚至其他產業、職缺，都應該多多去挖掘。讓當事人可以認真的為自己的職涯尋找好出路，這才比較有意義不是嗎？

基於日本一直以來的雇傭習慣，這種議題向來都是禁忌，別說討論了，最好是連想都不要想，員工最好一直都乖乖待在組織裡，唯公司命令是從，不要有意見最好。

不論是誰，都必須為自己的職涯負責，但是身處周遭的我們，仍然可以扮演明燈的角色，為當事人提供不一樣的想法及選項，鼓勵他主動思考。

9

「反正那傢伙就是蠢」，這句話害慘了我

有越來越多人在出社會工作之後，會重新開始進修。

老實說，這種事在幾十年前都還難以想像，那時的上班族，每天都被加班或應酬搞到只能搭末班電車，或深夜加成的計程車回家，週末也要出勤，一有時間就趕快補眠，對進修這檔事，往往心有餘力不足。

最近，社會上開始漸漸要求公司減少綁住員工的時間，針對社會人士進修的學習機構及選項，也變得越來越充實。但在這股浪潮中也形成了兩個極端，有一部分的人積極提升自己；另一部分的人，選擇不再進修，結果在職涯中越來越沒競爭力，淪為劣勢。

事實上，並不是所有放棄進修的人，都會馬上被商業界淘汰，有些人仍留

在大公司或傳統大企業，不只繼續工作，甚至還擔任要職。所以，在職場上，這兩個極端類型的人，總是在檯面下互相較勁，衝突不斷。

積極選擇進修學習的人，例如取得ＭＢＡ學位的人，在職場上肯定能看得更多、更廣，思考方式及角度也與他人不同。因此，當他遇到無法溝通的對象時，態度會明顯變得焦躁，尤其當對方還是身處高位的人物時，那種感受會更深。對於這些積極充實自己職涯的人來說，在這種情況下，我認為他們最需要注意的，就是千萬別因為絕望或無力，就放棄向前邁進。

若只是想「反正那些傢伙就是蠢」，然後不採取任何行動的話，我只能說，這樣實在太白費投資在攻讀ＭＢＡ的時間與金錢，且這種想法正是菁英會有的壞習慣。

你透過進修與學習，讓自己的眼界變寬廣、改變看事情的角度，而這也是你覺得和其他人有落差的原因。唯有想辦法填補他人與你之間的差距，才是有意義的做法。你可以選擇說服對方、不正面衝突、轉移目標，甚至視情況正面交鋒、培育對方成為可用戰力……方法很多。

回顧我自己的職涯，想想過往那些有做出成績的經歷，與沒做出成績的經歷，若要我說什麼是關鍵分水嶺，那就是如何排解，並想辦法改善心中那股「反正那些傢伙就是蠢！」的怨氣。

我曾經也絕望過，覺得自己為什麼要這麼辛苦？儘管一次又一次的徒勞無功，我卻還是很堅持要做出成績。於是我決定採取行動，為了做出成績，我什麼手段都願意嘗試。漸漸的，我得到曾和我有相同經驗的前輩的援助，其他和我有共同目標，或是有共識的人也逐一出現，最後大家一起朝目標邁進。

取得ＭＢＡ學位或其他證照並不是終點，我們所追求的真正目標，應該是活用這些技能，最後讓自己及整個社會往好的方向前進。唯有做出成果，攻讀ＭＢＡ和考取證照才有意義，就像我前面說過的，祕密武器若一直被當成祕密而不用，那就等同於沒有。

雖然這裡舉了ＭＢＡ當例子，但其實所有專業證照或技術資格都是一樣的道理，所有積極學習、提升自我能力的人，都應該謹記這種心態。

第五章

時代一直變，我得快點跟上

1 怎麼跟上時代？你得杞人憂天

古代中國有一個名為「杞」的國家，有一位杞國人很煩惱一個問題：「萬一天塌下來的話怎麼辦？」他幾乎煩惱到晚上都睡不著。這則寓言故事，出自《列子》當中的一節，也是成語「杞人憂天」的由來，相信大家應該都有在課本上看過，其涵義就是，不要為沒有必要的事情擔心。

「要具備什麼技能才跟得上時代？」有人向我訴說這個煩惱時，我腦中立刻浮現出那位杞國人的形象。

如果是問我「無法達成客戶的期望，我該怎麼辦」，或是「為了達成目的，我想要精進自己的專業技能，但該怎麼做才好」這類問題，我可以理解，但是，像無頭蒼蠅般毫無目的的瞎飛亂闖，去煩惱你根本不了解，也無從了解的未知事物，只是平白浪費時間。

我剛出社會時，當時的職場環境很嚴肅的討論過，電子郵件及網際網路是否會成為上班族處理公務的必備工具？也曾經熱烈探討，是否有必要每人配置一臺個人電腦。再回到更久之前，日本經濟之父澀澤榮一也曾在《論語與算盤》中提到，他很驚訝美國人是以小時為單位來管理進度。

這些事蹟以現在的眼光來看，會覺得很搞笑，可是，不久之前，我們也很認真的討論：「將數據資料都放在雲端真的不會出問題嗎？」、「ＡＩ是否遲早會取代人類？」這些議題。但是，說不定十年後，聽到這段過往的人，大概也會笑著說「居然還煩惱過那種事啊」，而那個「笑」，應該也是笑杞人憂天的那種心情吧。

大多數的人，對於當代新事物所表現出來的態度，可以概分為以下三種：

1. 大驚小怪、焦躁不安。
2. 無關緊要，甚至輕視、不以為意。

3. 覺得有趣，投入研究或學習。

未來能順利面對社會變遷，並站穩領導地位的人，都是屬於第三個類型的人。蒐集正確的相關資訊、聽取各路專家的意見、思考如何運用到自己所從事的產業……會在腦中不停的整理來自四面八方的關鍵訊息，保持思緒清晰。而那些盲目焦慮的人，以及覺得無關緊要而毫無作為的人，他們永遠不可能掌握住新機會。

擔憂未來潮流的演變，進而煩惱起自己的職涯跟技能，我認為，敢於面對新事物，才是真正能排解憂慮、從中找到生機與曙光的最佳解方。

結論就是，對於周遭環境的變化，要常保注意力與觀察力，不需要抱持無謂的恐慌，反而要擁有好奇心去親近與探索。讓自己保持彈性來面對外界的變化，方為上策。

2

不用深入，先從了解概要開始就好

我想各位在日常生活、新聞報導、網路、雜誌、企業廣告或網站中，都可以頻繁的看到「創新」（innovation）一詞。

各位對於創新這個詞，有什麼樣的感覺呢？我想大部分的人，應該會聯想到技術革新、重大改革，總之就是「會引起新變化」那一方面吧。如果你是這麼想的話，當你在新聞中看到這個詞，或是聽到某個企業的口號用了這個單字，你八成會覺得與你無關，然後馬上就忘。

我也曾經認為創新，多半是遙遠的未來才會發生的事，因此當看到有企業以此當成口號時，我會覺得那不過只是喊喊而已。

我任職於ＩＢＭ時，當時公司也會期望全體同仁，都能依循公司的價值觀，而創新更是被視為最優先的第一信條。

那時候的我非常認真思考這個詞的意義。我心想：期望全體同仁都能掀起大革命？這有可能嗎？後來某個機緣之下，我與一位在美國具權威性大學裡研究日語的友人（他是美國人）談話，我問他創新到底是什麼意思。

他告訴我，這個詞在英語中，更接近日語的「工夫」，也就是「為了找出或做出更好的成品／方法／手段，而用盡所能思考」。這個解釋讓我豁然開朗，原來創新這個詞的定義，並非我原本所想的那麼狹隘。

就如這個詞真正的定義，我認為不需要去誇大ＡＩ、數位化轉型、雲端還有５Ｇ這些新技術或新時代的關鍵字，大家只要抱著輕鬆一點的心情去接觸，

先從了解概要開始就可以了。

先不要自己嚇自己，落入「反正我就是跟不上時代啦」，或「在不久的將來我一定會被淘汰」等負面思維，無意義的焦慮只會讓自己徒勞無功。只要先擁有初步認知，例如，「原來這個是這樣操作啊」、「原來它的原理是這樣啊」、「我想這個對我的工作會產生的影響，大概是這些吧」，這類讓自己理

解並安心的程度即可。

若你因此想更進一步了解，那你只需要持續學習，就會成長，自然也會越來越接近專業水準。當然，如果你打從一開始，就下定決心要成為該領域的第一人，或是頂尖專業技術人才，甚至是專題研究的專家，從一開始就要深入學習，才能接觸到核心知識。假如你本身就已經是某個領域的專業人士或專家，則只需要專注在你的領域，盡情發揮即可，不需要太在意時下的流行名詞，更別被牽著走。

我現在所創業的公司，正是以「將先端技術落實經濟實用」為己任，也是公司的主要服務業務。本公司提供關於ＡＩ、數位化轉型、綠色轉型（Green Transformation）等e教育的專業進修課程，其中不乏有想要深入鑽研、精益求精的學員；但令人意外的是，以初學者為主的入門、概論課更加受到大家的歡迎與重視。

這也驗證了我前面所提到的，先讓起頭簡單輕鬆，後面的路才會更好走。

3 我的職務好像會被ＡＩ取代……

二〇一一年，ＩＢＭ以創始人的名字所命名的超級ＡＩ華生（Watson），打敗了美國益智遊戲節目《危險邊緣》中的兩個冠軍選手，這成了當時的世界熱門新聞。這件事距離現在也過了十年以上，剛好也算符合本書的主旨「十年卡關」。

在當年，這個新聞不僅造成了話題，更掀起了ＡＩ技術應用在工作職場的浪潮。當時，身為ＩＢＭ底下一員的我與其他同仁，其實都很半信半疑：「ＡＩ的時代真的要來了嗎？」

然而在那之後，ＡＩ技術以年年增長的幅度，大舉進入工作職場與日常生活。如今光只有ＡＩ，都已經不是什麼驚奇的新聞，甚至可以說，生活在現代的我們，其實天天都透過各種形式，與ＡＩ接觸。

「未來將被ＡＩ取代的工作」的話題，也與ＡＩ熱潮同時興起。根據相關研究機構與民間企業的報告指出，以往那些資料數位化的單純人工作業、非特殊領域的一般行政作業，甚至會計師及律師等工作，都有可能會受到ＡＩ技術的影響，這個論點為社會帶來非常大的衝擊。結果，來找我商量「我目前的職務，未來好像會被ＡＩ取代，我該怎麼辦？」的人變得越來越多了。

說到被ＡＩ取代，就會聯想到裁員吧，但是在日本，狀況就有些不同了。站在經營者的立場，當公司內的資深老手們一批又一批的準備退休，為了填補空缺，導入ＡＩ就成了一個可用手段。另外，日本也已經開始出現勞動人口減少的問題，為了補足缺乏的人力，企業紛紛導入ＡＩ、數位化轉型等人工智慧新技術。

但是，向業者購入ＡＩ設備很簡單，而真正將工作交給ＡＩ執行，卻一點都不簡單。要能讓ＡＩ作業，需要盤點當前的工作業務、建立一個暫定的工作模式，還要評估在業務面、營利面是否能順利奏效。若能奏效，才會準備進行實際的工作移交，還得與各方相關人士們說明業務上的調整。

因此，要讓ＡＩ成為真正可以執行工作的「人」，就必須有專案負責人員，工作移交之後，也要有更新與維修人員，和配合環境變化、負責聯繫與對應的人員等，所需要的人力也不少，而擔任專案負責人員的最佳人選，就是原本在這個職位上的員工。

他們最清楚目前的工作內容與狀況、知道如何有效率解決問題、熟悉各項關鍵重點，也是最能夠教導ＡＩ的人。他們一邊學習ＡＩ、數位化轉型的知識，一邊聽取專家的建議，同時進行工作移交的程序。當整個移交作業程序完成之後，這些人很有可能直接轉職變成專案負責人員。

換句話說，你可以想成，你是參與了名為「ＡＩ化」的先端革新企劃專案，同時提升你的職能，未來將有機會可以從事更高層次的工作。

你一定會想：「那萬一落選了，沒能成為專案小組的一員怎麼辦？」但這並不代表ＡＩ搶了你的工作，而是你在目前的崗位，沒能發揮你的領導能力，或者是你對於新課題、新技術重點的理解力尚有不足。

如果你本身就是個能順應變化，且願意改變自己的人，不管眼前出現的是AI、數位化轉型，還是碳中和（按：carbon neutrality，指透過使用低碳能源取代化石燃料、植樹造林、節能減排等形式，以抵消自身產生的二氧化碳或溫室氣體排放量），你都無須畏懼，因為最終你會成為引領改變的人。

4 遇到新人類，不要劈頭就罵

日本職棒福岡軟銀鷹隊的教練工藤公康，他在一九八六年時，以「新人類」一詞，榮獲該年度日本流行語大賞，同時也成為「新人類」的形象代表人物之一。

當時還是小學生的我，每次在電視機前看到他以選手的身分，在職棒中活躍的模樣，心中充滿了無限的憧憬。我也記得，當時上一個世代的前輩們，相當看不慣新人類們諸多反傳統慣例的行為，甚至總是皺著眉頭批評。而經過了三十多年，工藤公康從選手變成教練，表現依然亮眼，但已經沒有人會再稱呼他是「新人類」了。畢竟新人輩出，永遠都會有新世代出現，並取而代之。

商業界也是如此，用語、手法、工具等全部都日新月異。想當年，一九九〇年代時，我單手拿著搭載了 Windows 95 的東芝最新款薄型個人筆電，氣宇軒昂的向客戶推廣如何活用電子郵件，以及導入管理制度。PowerPoint、Excel、快速鍵功能等，我都用得很上手，我使用的富士通折疊式手機，它的郵件功能，當時才剛進化成可以顯示十一行。

那時候的我覺得自己真是年輕有為，象徵新未來的二十一世紀的新經濟模式，肯定屬於我們……我當時真心這麼認為。然而，現實是現在我這一代，不論是名義上或事實上，都已經被列為舊世代了。在不知不覺中，我好似也已經習慣被當成舊時代的老人了。

當你踏入社會、邁入職場奮鬥了十年左右，你會開始不太歡迎新一代年輕人的出現；對於所謂的「新世代」感到不習慣，甚至開始有防備心理，同時也焦慮不安。

自己一直以來堅信的價值觀突然遭到否定、自己原本擅長的強項瞬間變得毫無價值……儘管如此，未知的事物仍然會接踵而至。在經歷過多次的不安與衝擊之後，你會越來越習慣，甚至開始明白「原來人生就是這麼一回事」。

作為上一個世代的我們，在面對新事物時，還是要注意自己的心態，以及兩個原則。

首先，千萬**不要劈頭就否定**，**以平常心開始接觸及認識**，主動踏出第一步是很重要的事。只要記住這兩個原則，你就不用擔心會陷入「跟不上時代就糟了！」，或是「像我這種老人將失去生存空間了！」這種極端的憂慮之中。

前陣子在社群網站上掀起了一股 Clubhouse（按：一款多人線上語音聊天社交軟體）的熱潮，這個新工具瞬間成了超級熱門的話題。由於它採用的是邀請制，導致有得到邀請碼的人會產生優越感，沒得到邀請碼的人會很不安。它迅速竄紅、快速傳播，使用者之間的極端感受也會受到煽動。

當時我認為，在這股熱潮之中，每個人所展現出來的態度，都很值得探討。不要陷入煽動或被煽動的漩渦之中，也不要劈頭就毫無理由的否定。先以自己的方式嘗試接觸並掌握要點，再依自己的狀況來判斷，是否要加強活用，或者不再深入。這是我相當尊敬的人，在面對這股 Clubhouse 熱潮時，所採取的態度與行動。

心態上保持冷靜、行動上擁有彈性，多累積幾次這樣的經驗後，你就能判斷出什麼東西歷久不衰、什麼東西很快就會退燒淘汰。

不管你抵不抵抗，新的世代依舊會到來，與其徒勞的反抗，不如冷靜的去面對。

5 「現在的年輕人呀……」這話以後別再講

大家應該都聽過黑心企業這個詞吧。主要是用來稱呼那些苛刻員工的公司，例如強迫員工超時工作、加班不打卡等壓榨員工的惡劣行徑。隨著這個詞越來越廣為人知，各家企業越來越認真看待勞動時間，並努力縮短工時。

不僅是工時方面的問題，職場上會被投訴「過分」、「不合理」的行為，其尺度大小也隨著時代有了很大的改變，而這股改變之下所引發的問題，主因也出在世代觀念與組織文化的差異落差太大，新舊觀念的尺度不同，很容易在某個時間點或某個場合爆發衝突。

以我的公司為例，員工當中有許多是轉職或跳槽過來的非社會新鮮人。職場上聚集了這麼多成長時代背景、學經歷迴異的人們在一起工作，好處是大家各展長才，但人與人之間價值觀的衝突仍難以避免。

現在的職場，若是看到對方年紀比自己小，就會故意用親暱語氣說話想要裝熟；有些人會覺得自己比較年長，結果卻被年紀比自己小的同事提出建議，而感到憤怒不已。這些反應，如果放在上一個世代或許還很正常，但是放到今天，可就完全過時了。

很多人其實都是抱持著「我在前一個職場都是這樣過的」的心態，即便換到別家公司、身處不同的職場，卻還是習慣維持之前的模式。但是，若希望讓組織整體更向前邁進，每一個人就必須採取相對應的新行動才行。

在我成為社會人士的這二十五年來，日本企業的職場文化已經有了非常大的改變。當初我還是新進員工時，我曾因為名片用完了，而遭到前輩的鐵拳制裁。還有，新進員工不可以搭電梯，必須乖乖爬樓梯到十三樓參加研修課程。當時的我儘管心中有諸多疑惑、覺得這一切不太合理，但還是默默遵從了。

現在我也成了老闆，但我從不大聲怒罵或毆打員工，也不曾禁止員工搭電梯，共事時也一定保持禮貌。這樣的我若是穿越時空回到昭和時代（按：

一九二六年十二月二十五日，至一九八九年一月七日），肯定會被認為是個太寵部屬的傻主管。

我們必須配合時代，來調整自己的管理或領導方式，因為變化往往都比我們想像得還要快到來。

當你出社會邁入第十年，你也已經到了必須正視時代改變、採取對策的時期了。如果你對這點有自覺，你一定可以順利面對職涯的未來發展。但是，若你一直自以為自己的觀念很新，只以自身經驗作為判斷周遭環境的基準，那麼你可能會在不知不覺間就變成過時老古板。

隨著年齡漸長，想要大吐「以前的我們有多麼拚命啊，現在的年輕人吶……」的心情會越來越強烈。想要跳脫這種束縛，你**不能只考慮自己的觀點，也必須觀察及聆聽他人的想法，對他人抱持一定程度的好奇心**，我也常督促自己要銘記在心。

6 永續發展、SDGs……為什麼要了解這個

在我執筆本書的期間，正好遇上第二十六屆聯合國氣候變遷大會（以下簡稱COP26），於蘇格蘭格拉斯哥舉行。

儘管現今仍有許多社會議題尚待探討，但是氣候變遷及其對應政策，與地球上的生命存續息息相關，在這個世界上，沒有人是局外人，因此COP26也相當受到世人的關注。

另外，聯合國宣布了「永續發展目標」（Sustainable Development Goals，以下簡稱SDGs），包含消除貧窮、減緩氣候變遷、促進性別平權等社會議題在內，共十七項SDGs目標，指引全球共同努力、邁向永續。

這已經是需要經濟商業界全體一起面對的超大型議題，以各界經營者為中

心，包括各級企業主管，都必須在日常工作中，將ＳＤＧｓ列入考量。

本書的讀者，也就是社會人士資歷十年以上的各位，你們肩負了非常重大的使命，因為你們比起上一個世代的前輩們擁有更多的時間，你們必須更加努力來發展ＳＤＧｓ。

但是ＳＤＧｓ當中又包含了對於當前經濟活動的各種警示，我認為這很容易讓人誤誤以為ＳＤＧｓ與商業活動相斥。

有一派人會很極端的控訴「所有的商業活動都會破壞地球啊！乾脆都不要有經濟活動！」又或者主張「考慮到每個人都必須活下去，與其追求所謂的理想，不如多看看現實，商業活動不能停」。基本上，我認為這些都是在探討道德理想議題時，常見的詭辯型回應。

我自己在剛成為上班族的時候，也很常對日本企業的工作習慣及組織文化充滿疑惑，我試著發聲、提出我的疑問，但基本上完全沒有人要聽我說。就算我鼓起勇氣硬是提出來，多半也都只得到一句「少說那種蠢話，快去做事就對了」。雖說當時我身處的時空背景，與現在的觀念大相逕庭，但那時的我心裡確實是想「就算說了，結果也就只是這樣嘛」，最後還是乖乖工作。但我並沒有因此放棄理想，直到現在仍未改變。

思想家二宮尊德的名言，給了我非常大的啟發，「**沒有道德的經濟是犯罪，沒有經濟的道德是痴人說夢**。」當讀到這句名言的時候，我非常有共鳴，因為我內心所追求的目標正是如此。

簡單的說，就是既要道德（追求理想），也要經濟（商業活動）。擁有理想並努力去實現，背後自然有其道理與意義，兩者不應該互為矛盾。

二〇二一年，日本NHK大河劇以澀澤榮一的生平為主題。澀澤榮一的知名著作《論語與算盤》，當中以論語的內容代表理想，算盤代表現實的經濟成功，應該同時努力追求兩者，這也是劇中所想闡述的主題。

我認為永續發展與SDGs也可以用同樣的方式來解釋。其實全世界有很多企業，一邊致力解決社會課題，同時也實現經濟的成功，日本企業界的商務人士也越來越認真看待這些議題。

當你開始察覺社會現實的課題與理想之間的落差，這就代表你也開始覺醒與成長了。比起那些汲汲營營、成天只會碎唸「別管那些！賺錢比較重要啦」短視近利的人，你已經贏在起跑點。

但是，如果你用「為了解決社會問題」而不發展經濟活動，當成自己偷懶躺平、不努力工作的藉口，那你就跟痴人說夢沒兩樣。千萬記得，我們沒有時間睡覺，更沒有時間夢遊說夢話，現實可是不等人的呀。

後記

你一定能跨越的第十年職場卡關

我在本書中一直反覆提到的幾個觀念：基本功最重要、不要過度在意周圍、不要陷入焦慮、人類其實很渺小，這些都是我從許多前輩或客戶，還有同事身上得到的啟發。

當我陷入煩惱及困境時，腦中浮現這些觀念幫助我改變思維，每每都讓我感到「得救了」、「感覺壓力變小了、變輕鬆了」、「原來如此」，與此同時，也會漸漸湧出「向前邁進」、「保持備戰姿態」、「採取行動」、「踏出第一步」等正面想法。想要解決課題，還是需要一定程度的行動力與精力。比起斥責或激勵，我覺得分享經驗，更能打動彼此的內心。

「若人生真的進入百歲時代，我們到底要工作到什麼時候？」畢竟我們大多數普通人頂多衝刺到五十歲或六十歲就差不多了吧。

回想起來，我在自己的職涯中，其實也階段性休息了很長的時間。在埃森哲任職的最後一年，我請了六個月的留職停薪，遠赴夏威夷學習英文。在安排轉職或職務異動的時候，也為了消化積假，或是有效利用過渡期的空檔，我得到了不少時間，讓我可以好好的思考未來的走向。

在我二十五年的職場生涯中，大概有兩年的時間都在休息吧。

若是你不知道自己為什麼要一直拚命奮鬥，那我建議你更應該停下來休息一下，並利用這段時間，重整呼吸與腳步，也是讓你去思考自己未來方向的大好時機；而在充分休息後，你會以一個更好的狀態重新開始。

職涯也是如此，休息是為了走更長遠的路。日本名將德川家康曾說：「人的一生有如負重前行，不可急躁。」另外，他的遺訓之中也有一句名言：「凡事過猶不及。」有沒有感覺鬆了一口氣？

不急躁、不焦慮，腳踏實地、一步一步向前進即可。

日文版的責任編輯安永姬菜，正值出社會第十年，她表示：「本書內容真的能幫助到讀者。」這句話對我來說意義非凡，非常謝謝她。

讀到這裡的你，不知道本書是否真的有幫助到你呢？

另外，謝謝陪同進行編輯作業的千葉正幸。我們這一代人在不知不覺間，已經轉變成要為下一代加油與傳承的立場了，真是光陰似箭。

距離我出版第一本書至今，也已經十年了，能夠回歸初心，我感到萬分欣喜。在此向每一位給予我支持與鼓勵的人，致上最深的感謝。

國家圖書館出版品預行編目（CIP）資料

沒人能躲過的第十年職涯卡關：職位高不成、待遇低不就的職場尷尬期，我該離職還是留下？／河野英太郎著；黃怡菁譯. -- 初版. -- 臺北市：大是文化有限公司，2022.09
224 面；14.8×21 公分. --（Think；240）
譯自：社会人 10 年目の壁を乗り越える仕事のコツ
ISBN 978-626-7123-76-8（平裝）

1. CST：職場成功法

494.35　　111008750

Think 240

沒人能躲過的第十年職涯卡關

職位高不成、待遇低不就的職場尷尬期，我該離職還是留下？

作　　者／河野英太郎
譯　　者／黃怡菁
責任編輯／林盈廷
校對編輯／陳竑悳
美術編輯／林彥君
副 主 編／馬祥芬
副總編輯／顏惠君
總 編 輯／吳依瑋
發 行 人／徐仲秋
會計助理／李秀娟
會　　計／許鳳雪
版權專員／劉宗德
版權經理／郝麗珍
行銷企劃／徐千晴
業務助理／李秀蕙
業務專員／馬絮盈、留婉茹
業務經理／林裕安
總 經 理／陳絜吾

出 版 者／大是文化有限公司
臺北市 100 衡陽路 7 號 8 樓
編輯部電話：（02）23757911
購書相關資訊請洽：（02）23757911 分機 122
24 小時讀者服務傳真：（02）23756999
讀者服務E-mail：haom@ms28.hinet.net
郵政劃撥帳號：19983366　戶名：大是文化有限公司

法律顧問／永然聯合法律事務所
香港發行／豐達出版發行有限公司 Rich Publishing & Distribut Ltd
地址：香港柴灣永泰道 70 號柴灣工業城第 2 期 1805 室
Unit 1805, Ph. 2, Chai Wan Ind City, 70 Wing Tai Rd, Chai Wan, Hong Kong
電話：21726513　傳真：21724355
E-mail：cary@subseasy.com.hk

封面設計／陳皜
內頁排版／顏麟驊
印　　刷／鴻霖印刷傳媒股份有限公司

出版日期／2022 年 9 月初版
定　　價／新臺幣 360 元（缺頁或裝訂錯誤的書，請寄回更換）
I S B N／978-626-7123-76-8
電子書ISBN／9786267123782（PDF）
9786267123775（EPUB）